조경디자인 표현기법

조경인을 위한 그래픽랭귀지

김 신 원

기 문 당

서 문

언어는 인간 상호간의 의사 전달을 위해 필수적이다. 언어 소통이 어렵거나 불가능하면 인간관계에 문제가 발생한다. 성경의 창세기를 보면 바벨탑 사건의 기록이 나온다. 노아의 대홍수 이후 사람들은 겸손해지기는커녕 교만과 명예욕에 사로잡혀, 홍수 때에도 견딜 수 있는 튼튼하고 높은 탑을 쌓게 된다. 하나님은 이러한 인간들의 어리석은 통일과 반역의 음모를 보시고 언어의 혼잡과 인류의 분산을 행하신다. 사람들 사이에 언어가 통하지 않아 서로 알아듣지 못하게 되는 일이 벌어지게 된 것이다.

인간 상호간 의사 전달에 필요한 이 언어는 사실상 생각에서 나온다. 이 생각을 조경디자인 작업과 관련지어 보자. 조경 공간이란 두 번 만들어진다. 우선 조경 디자이너의 머릿속에서 만들어지고 그 다음에는 실제로 만들어진다. 조경 디자이너는 디자인하기 전에 먼저 생각한다. 무형의 생각이 유형의 공간을 만든다. 생각에서 나온 공간이 디자인 과정을 거쳐 실제적인 공간으로 나타나게 된다.

보이는 것은 보이지 않는 것에서 시작하는 것이다. 성경의 히브리서에 보면 "믿음은 바라는 것들의 실상이요 보지 못하는 것들의 증거니"라고 말씀한다. 믿음은 비물리적인 대상을 손으로 붙잡은 것과 동일한 효과를 가져다주며, 보이지 않는 대상의 존재를 증명한다는 뜻이다. 이와 유사하게 디자인 과정에서 표현되는 그래픽 결과물은 아직 보이지 않는 비물리적인 공간을 시각화하여 그 모습을 알 수 있도록 한다. 결국 조경디자인 작업을 수행하는 데 필수적인 언어는 디자이너의 머릿속에 만들어진 공간의 모습을 미리 볼 수 있도록 만들어주는 그래픽 매체이다.

공간이 형성되기 위해서는 기본적으로 세 가지 요소, 즉 바닥면, 벽체면 그리고 천장면이 있어야 한다. 디자인 과정에서 표현되는 그래픽 결과물과 이러한 요소를 관련지어 말한다면 바닥면은 평면도와 벽체면은 단면도나 입면도와 관계가 있다. 또한 천장면에 의해 비로소 이루어지는 입체적인 공간은 3차원적인 그림 및 기타 표현양식과 밀접한 관계가 있다고 할 수 있다.

2차원적인 표현, 즉 평면도 및 단면도나 입면도는 디자인 아이디어를 전달하는 데 기본적인 그림이다. 또한 3차원적인 표현은 완성된 공간의 이미지를 입체적으로 시각화하는 데 유용한 방식이다. 따라서 이들 표현 유형을 올바로 이해하고 다양한 그래픽 기법을 습득하는 것은 디자인 교육에 있어서 필수적인 것이다.

이들 두 가지 유형의 표현 사이에 나타나는 차이점이라면, 3차원적인 표현은 2차원적인 표현보다 공간을 이해하기 쉽고 현실적이며 실제적이라는 것이다. 3차원적인 표현은 공간을 구성하는 요소들 사이의 수평 · 수직의 관계성뿐만 아니라 거리 · 깊이 · 원근의 관계성도 보여준다.

학생들에게 조경디자인을 가르치는 입장에서 그들이 디자인 과제를 수행하는 것을 보면, 입체적인 모습을 종합적으로 고려하여 공간을 디자인하기보다는 상대적으로 평면 혹은 단면이나 입면 위주의 사고로 디자인을 하는 경향이 있음을 알 수 있다. 즉, 디자인 전개 과정에서 자신들의 아이디어를 일차적으로 평면도 혹은 단면도나 입면도만을 통하여 표현하는 학생들이 많다는 것이다.

하나의 디자인안이 현실화되어 실제적인 공간으로 형성된 다음에는 공간을 이용하는 실제 이용자인 일반인들은 걸어 다니거나 차를 타고 가면서 혹은 높은 데서 그 경관을 바라보기 때문에, 단순히 평면적인 관점보다는 입체적인 관점에서 경관을 바라보게 된다. 조경 디자이너는 이러한 사실을 항상 염두에 두고 경관을 디자인하고 조성해야 한다.

본 저서는 필자가 재직하고 있는 경희대학교 예술 · 디자인대학 환경조경디자인학과의 학생들에게 "조경디자인 랭귀지" 과목을 통하여 한 학기 동안에 가르치고 훈련시키는 그래픽 표현기법에 관한 내용의 일부를 담고 있다. 즉, 조경 디자이너가 디자인 아이디어를 시각적으로 전달하는 데 필요한 2차원적인 평면도와 입단면도, 또한 3차원적인 그래픽 표현기법인 스케치, 액소노메트릭, 아이소메트릭, 1소점 눈높이 투시도, 2소점 눈높이 투시도, 1소점 조감도, 2소점 조감도 그리고 모형에 관한 내용을 담고 있다. 본 저서가 디자인된 공간을 디자이너 자신이 2차원적으로 혹은 3차원적으로 확인해보는 한편, 디자인에 의해 이루어진 공간의 모습을 상대방이 이해하기 쉽게 표현하는 기법을 배우는 데 커다란 도움이 될 것으로 믿는다.

나에게 주어진 모든 일에 감사하며, 인생의 갈 길을 인도하시는 하나님께, 삶의 본보기로서 정신적 토대인 존경하는 아버님과 어머님께, 하나님께서 주신 인생의 돕는 배필인 아내 현경과 선물인 딸 성은, 성하에게 그리고 본 저서의 문서 작성과 편집을 맡은 사랑하는 대학원생 제자 성호와 경민에게 진심으로 감사드립니다.

2011년 2월

경희대학교 예술 · 디자인대학

환경조경디자인학과 도시공간디자인연구실에서

차례

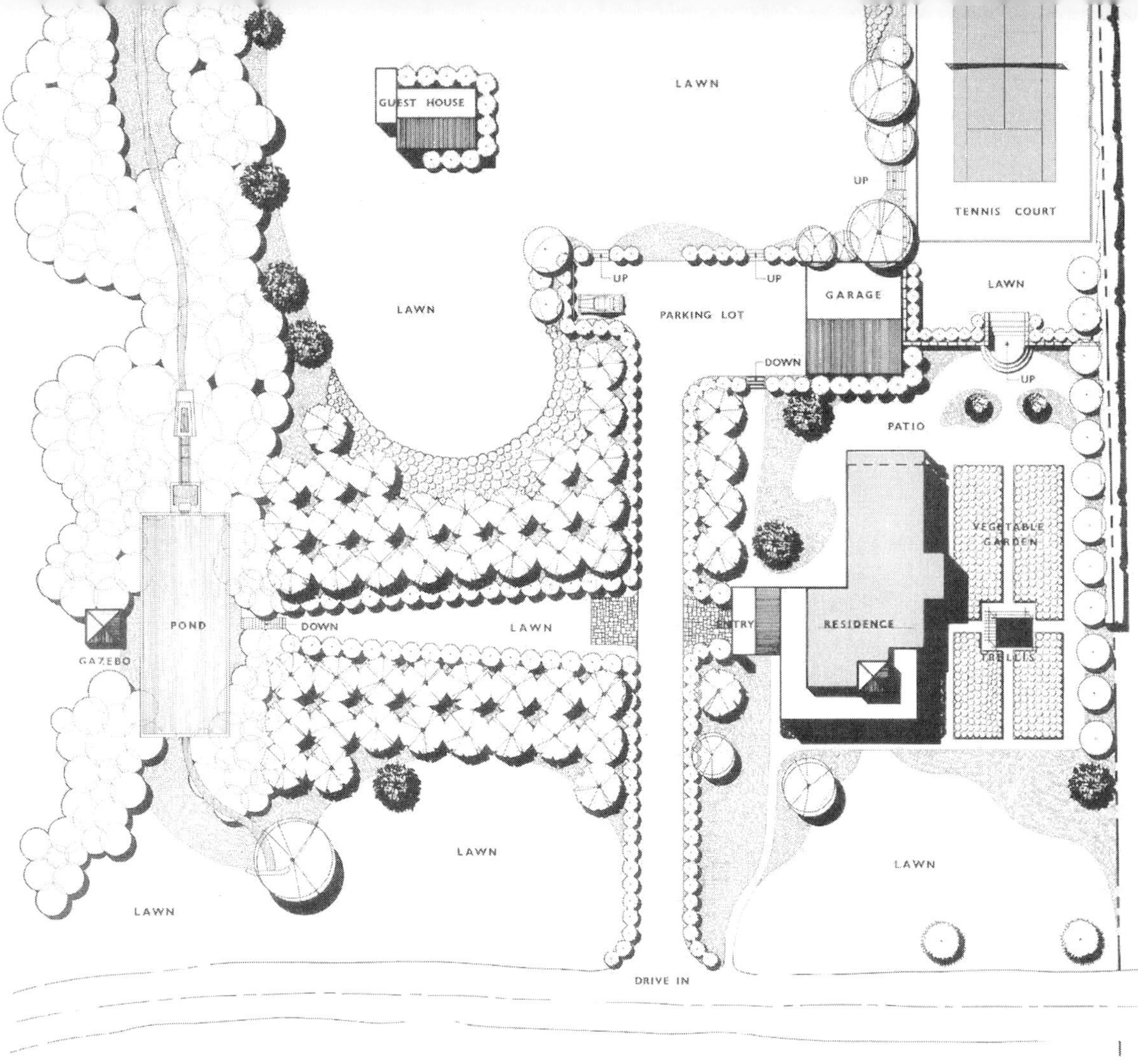

LandscapeDesignGraphicLanguage

01

평면도

Plan

- 교목 (Tree)
- 관목 (Shrub)
- 지피식물 (Ground Cover)
- 물 (Water)
- 돌 (Rock)
- 바닥면 (Ground Plane)
- 구조물 (Structure)
- 건물 (Building)

01 평면도

평면도는 조경디자인 과정 중 디자인 개발 단계에서 그리는 그림이다. 평면도는 하늘에 떠서 부지를 수직적으로 내려다볼 때 보이는 공간의 모습을 그리는 것으로, 특히 공간과 사물들의 수평적인 관계를 보여주기 위하여 그린다. 따라서 평면도를 그릴 때에는 정확하게 스케일에 맞춰서 그려야 한다.

일반적으로 평면도는 개념도보다 더욱 정확하고 상세하게 그린다. 평면도에 그려지는 그래픽 심벌(graphic symbol)들은 공간을 구성하는 요소와 재료들을 나타낸다.

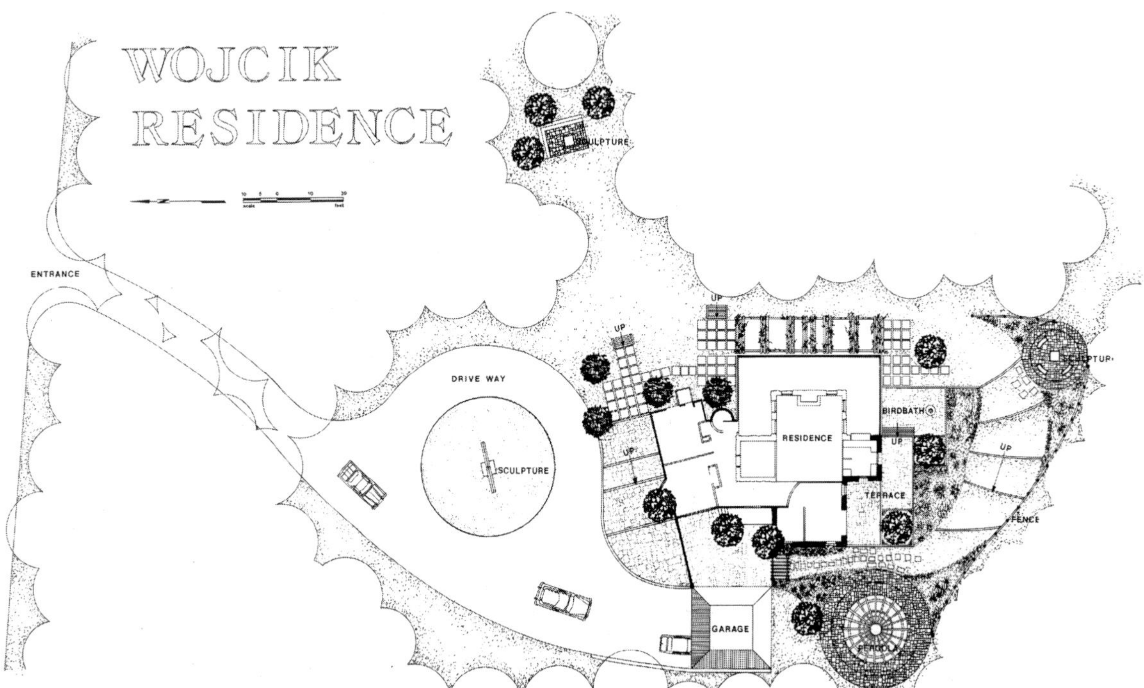

평면도 예_1 | 김신원

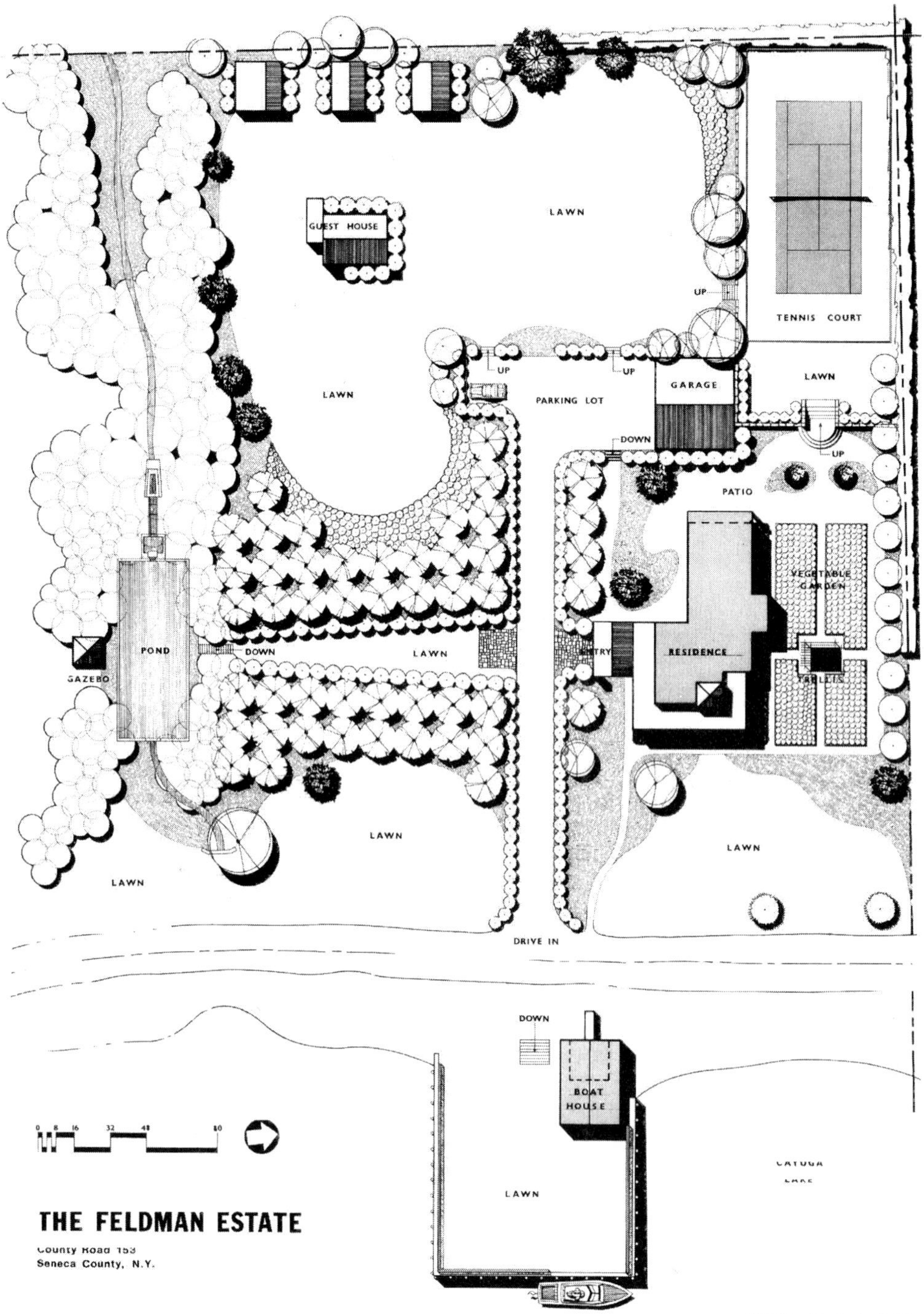

평면도 예_2 | 김신원

평면도를 그릴 때에는 다음과 같은 다양한 유형의 그래픽 심벌들을 활용한다.

- 교목 (Tree)
- 관목 (Shrub)
- 지피식물 (Ground Cover)
- 물 (Water)
- 돌 (Rock)
- 바닥면 (Ground Plane)
- 구조물 (Structure)
- 건물 (Building)

교목 (Tree)

교목을 그릴 때에는 그 교목이 성목(成木)이 되었을 때의 2/3 내지 3/4 정도의 크기로 그린다.

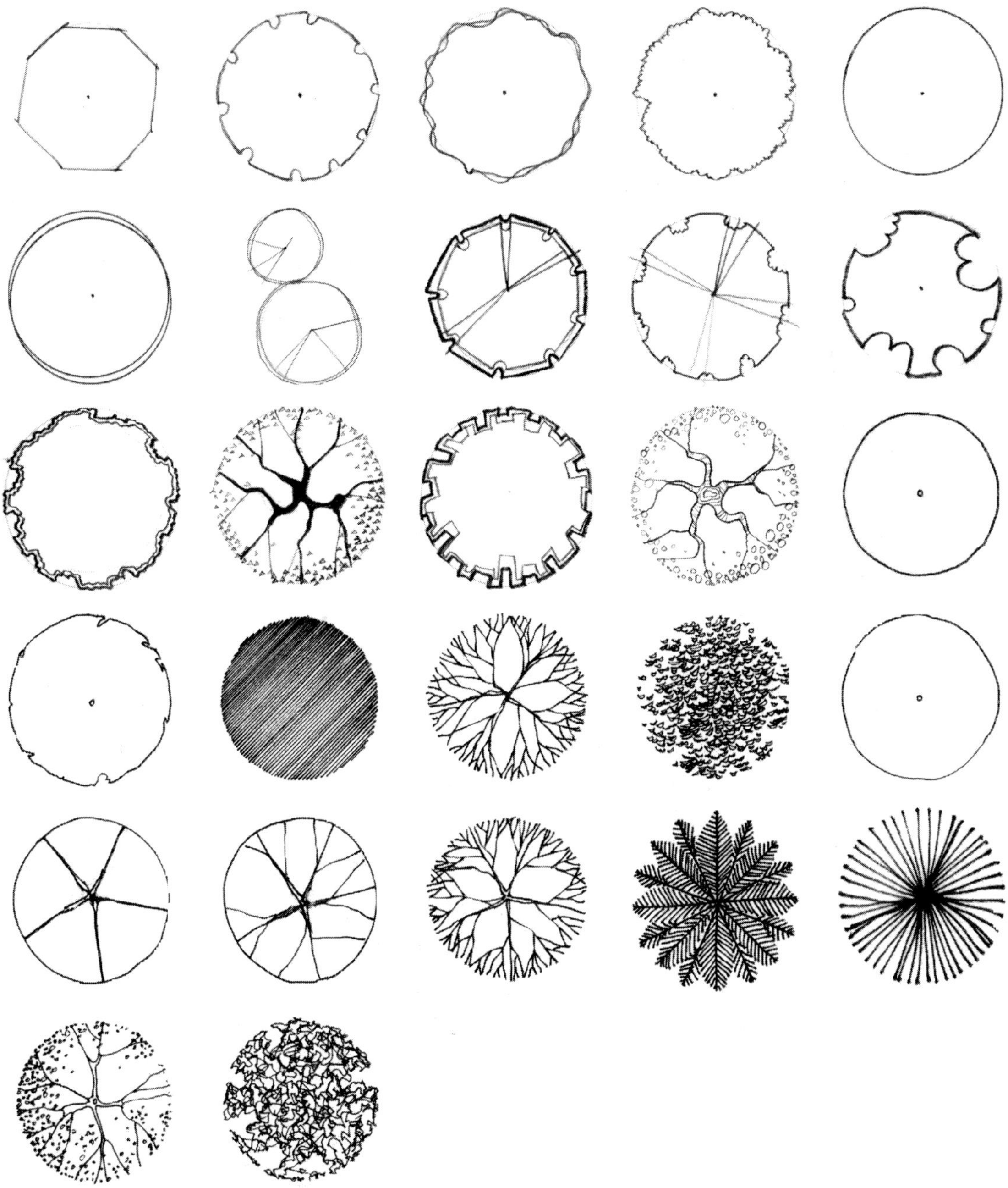

잎의 질감을 표현하기 위하여 동일한 패턴을 사용하여 반복적으로 그려주며, 수관(樹冠)이 갖는 둥근 형태를 나타내기 위하여 그늘이 지는 어느 한 부분에 이러한 패턴을 집중적으로 그려 넣어 입체감을 살린다.

겨울 경관의 모습을 보여주기 위하여 수목의 가지 부분만을 그린다.

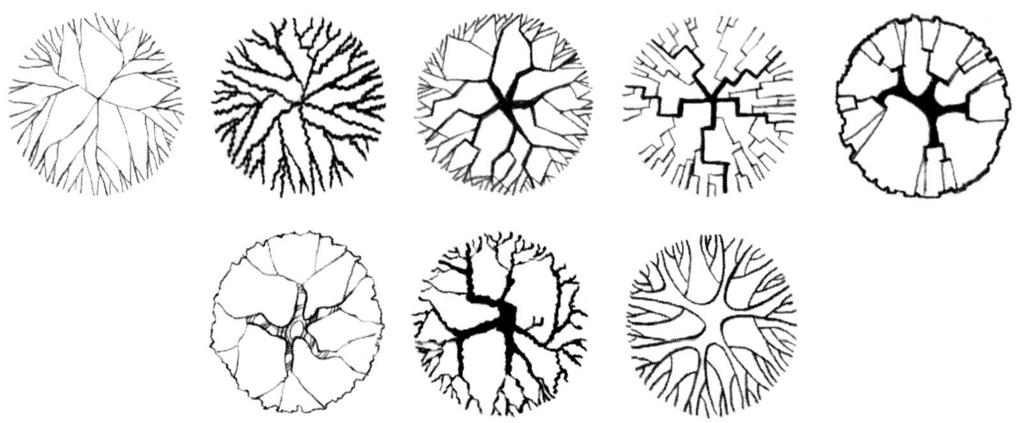

그늘과 그림자는 평면도에 깊이감을 부여하며, 공간을 구성하는 요소들 사이에 상대적인 높이를 제공하여 입체적인 그림이 되게 한다.

관목 (Shrub)

평면도에서 관목을 표현하기 위하여 다음과 같은 다양한 형태, 질감, 용도, 수종의 그래픽 심벌들을 활용할 수 있다.

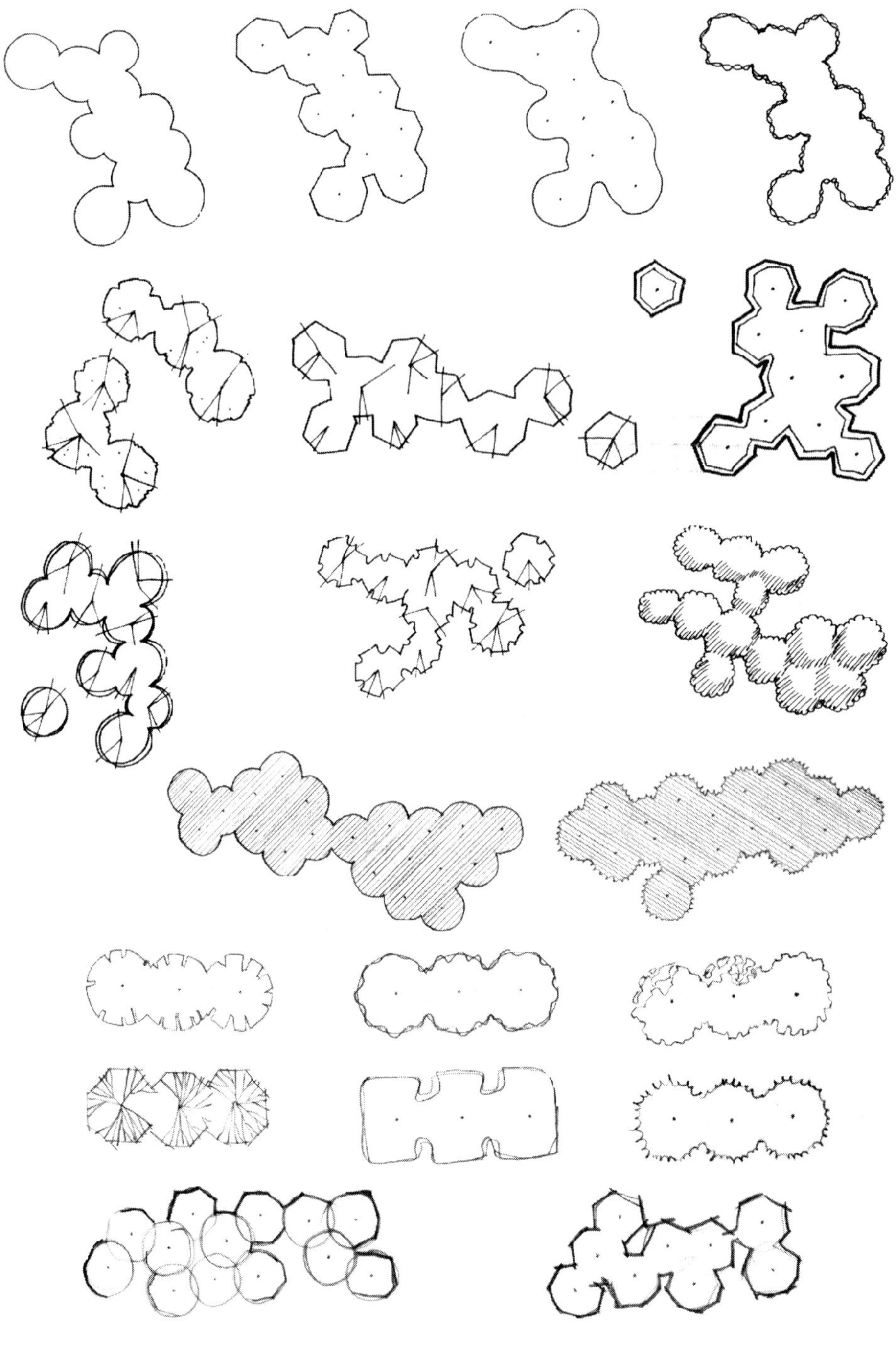

지피식물 (Ground Cover)

평면도에서 지피식물을 표현하기 위하여 동일한 패턴을 반복적으로 그려주며, 틀에 얽매이지 않고 손으로 자연스럽게 그려준다.

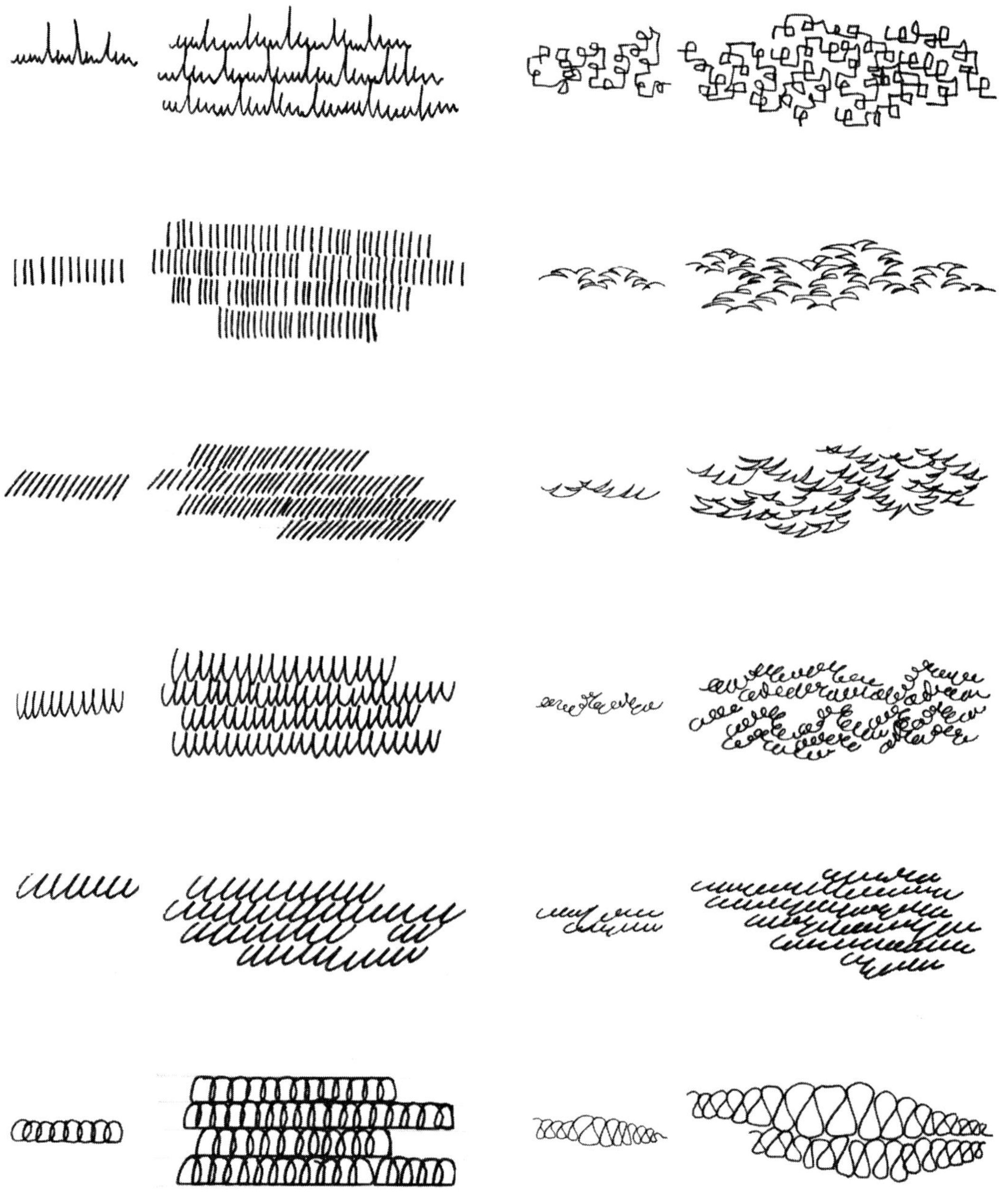

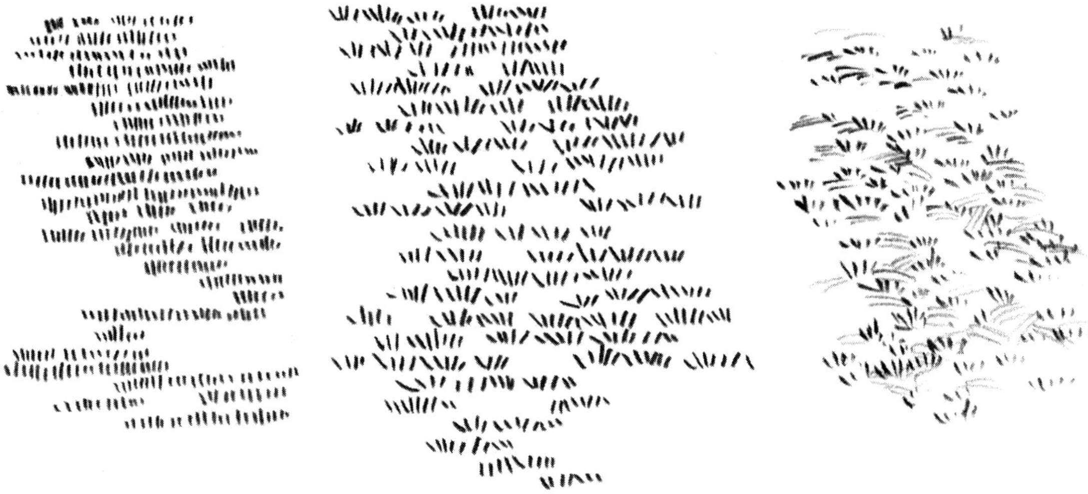

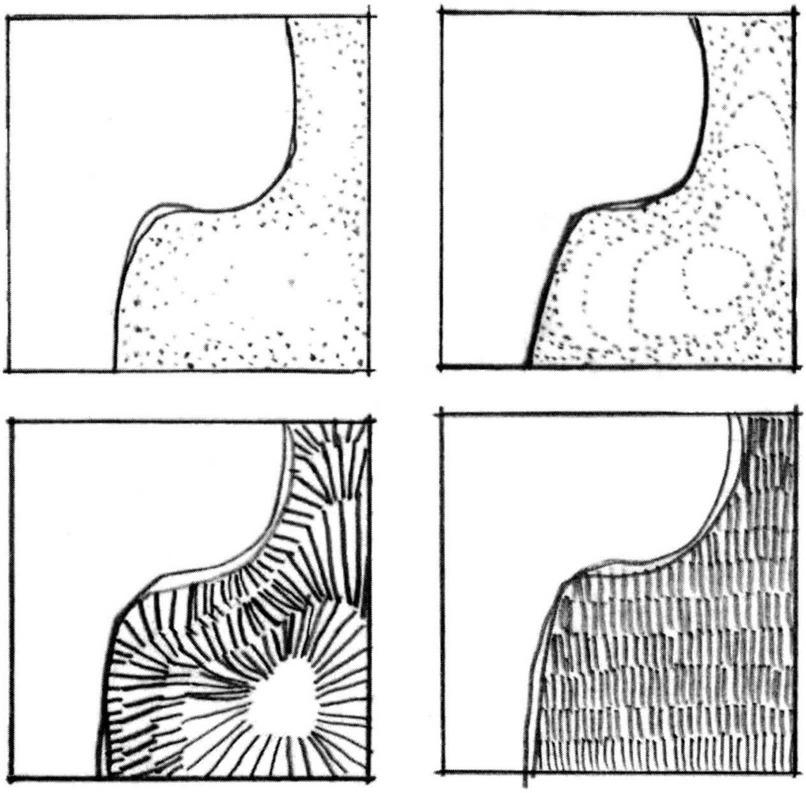

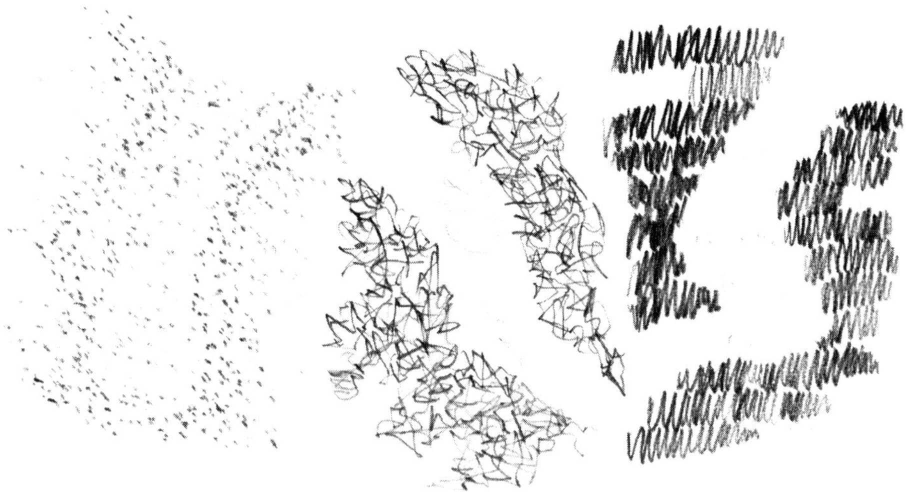

물 (Water)

공간 속에서 물의 요소는 일반적으로 자연적인 형태나 인공적인 형태로 존재하며, 평면도에서 이러한 물의 모습은 다양한 선과 형태로 표현된다.

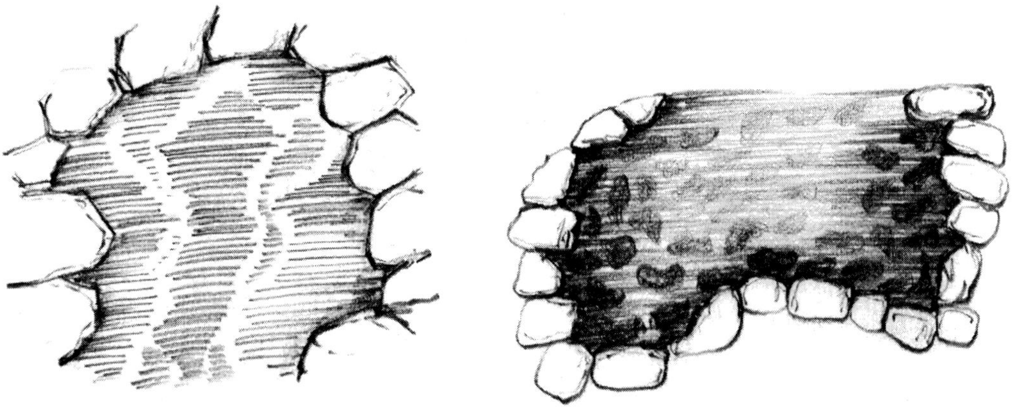

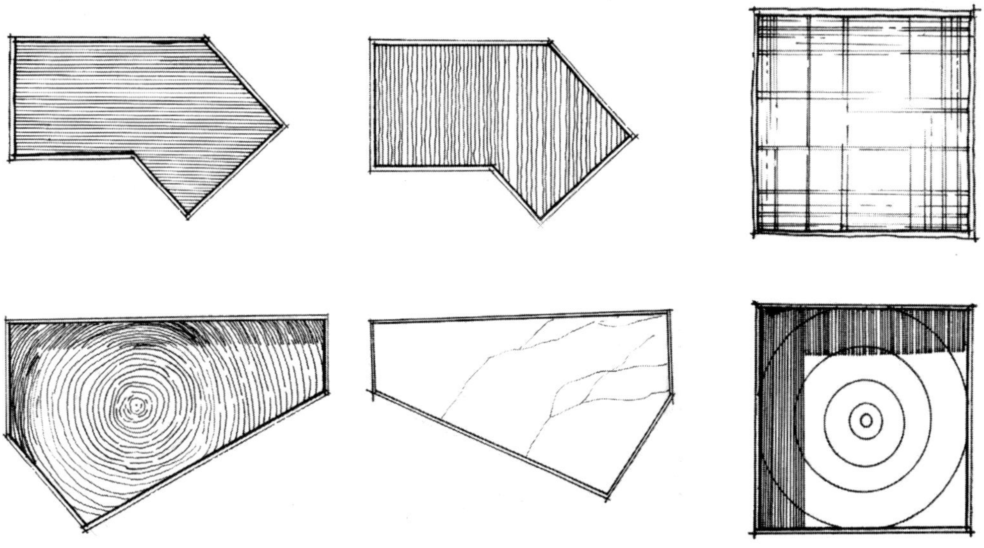

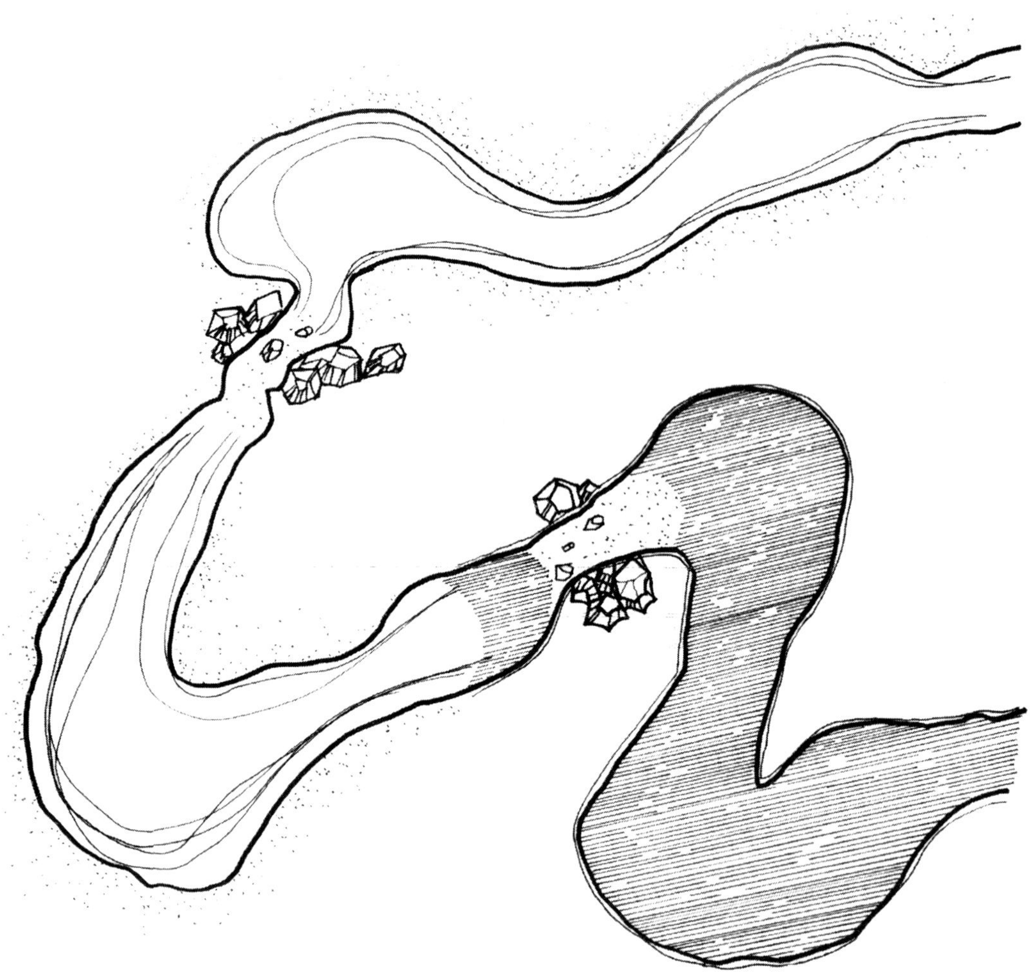

돌 (Rock)

평면도에서 돌은 다양한 크기, 형태, 면, 질감으로 표현된다.

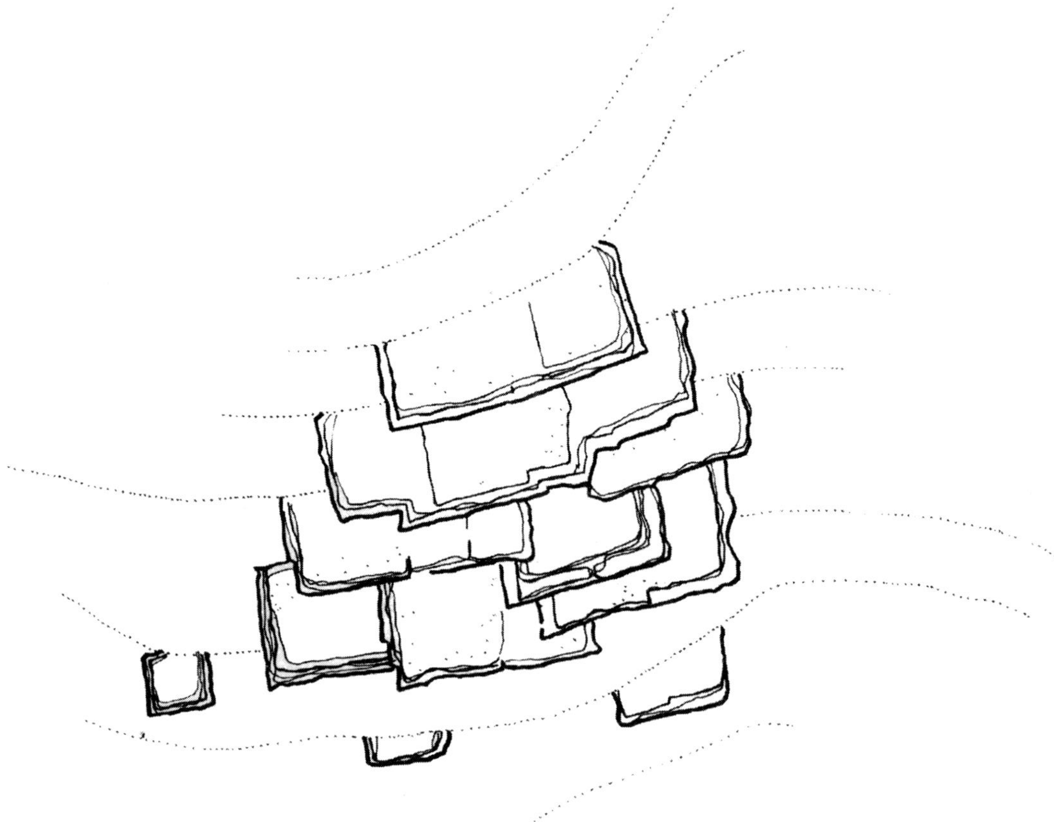

바닥면 (Ground Plane)

평면도에서 바닥면은 다양한 크기, 형태, 재료, 구성 단위, 질감으로 표현된다.

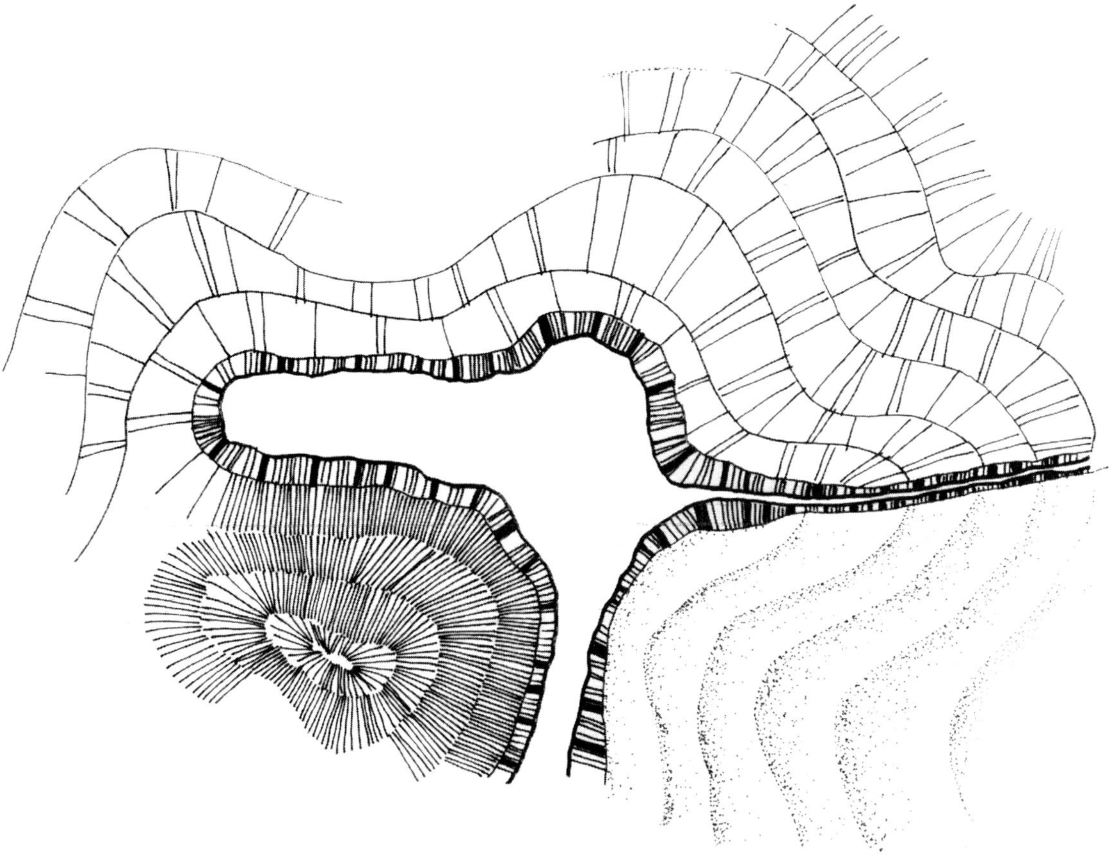

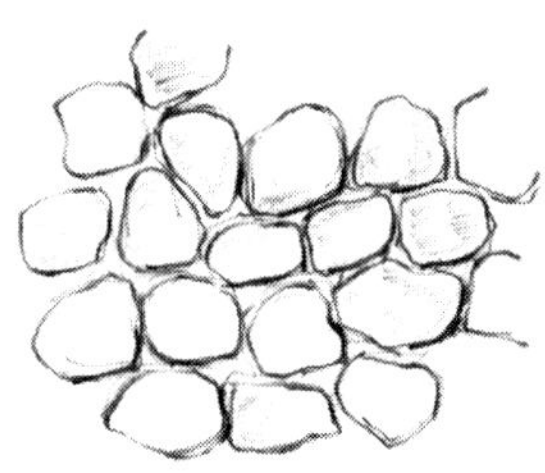

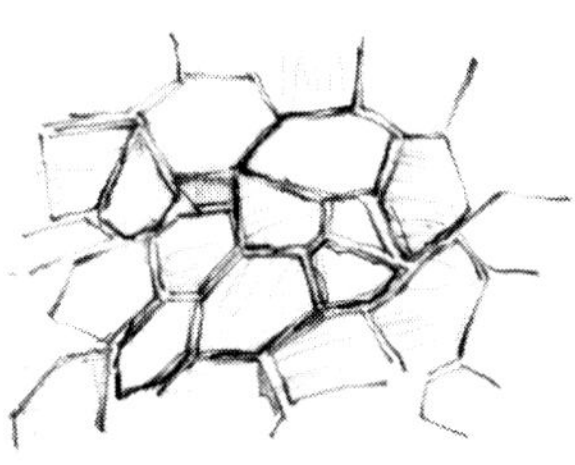

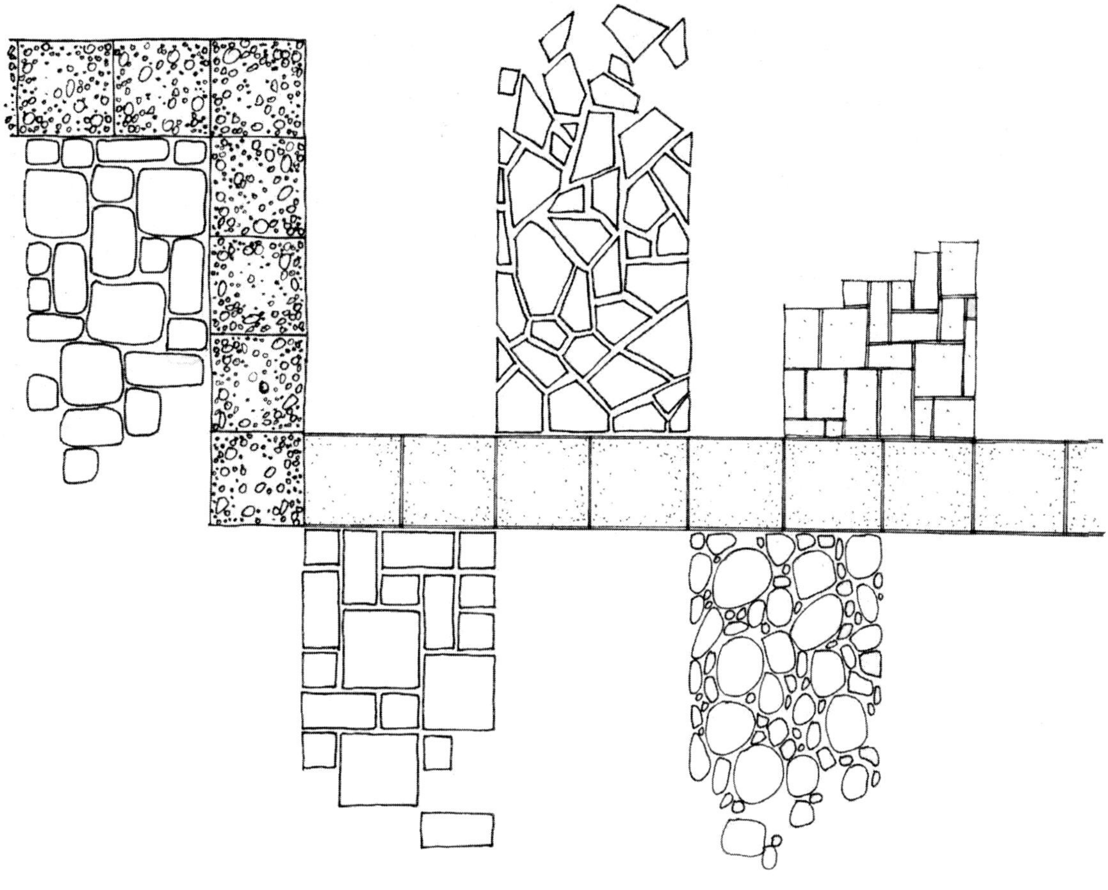

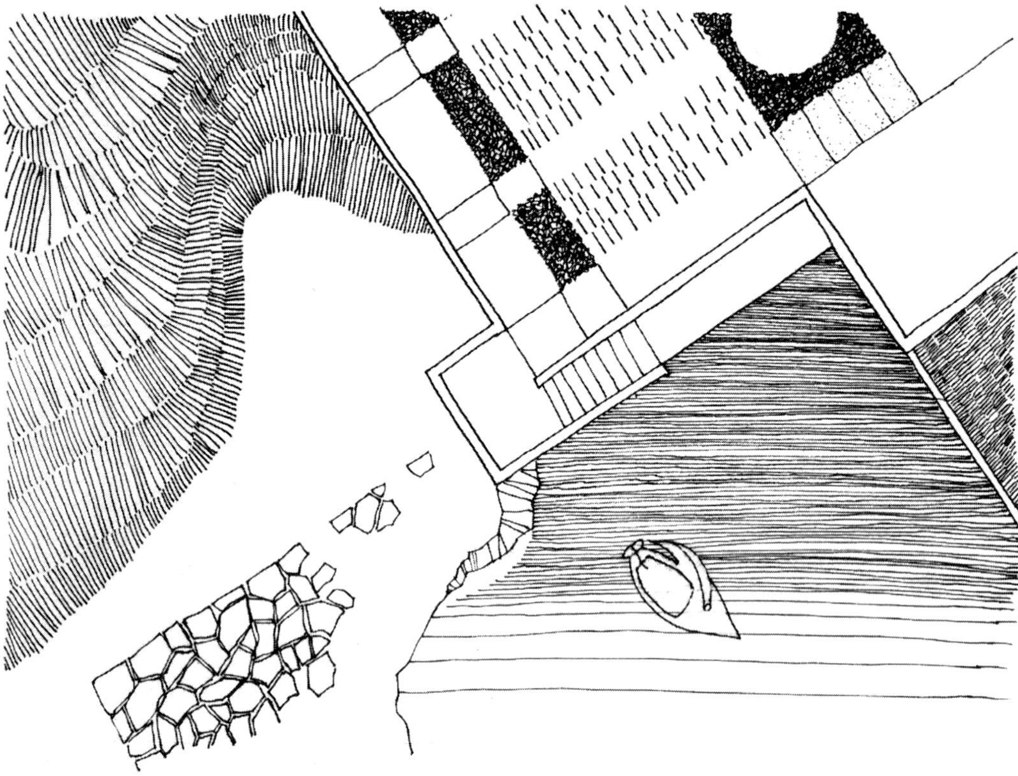

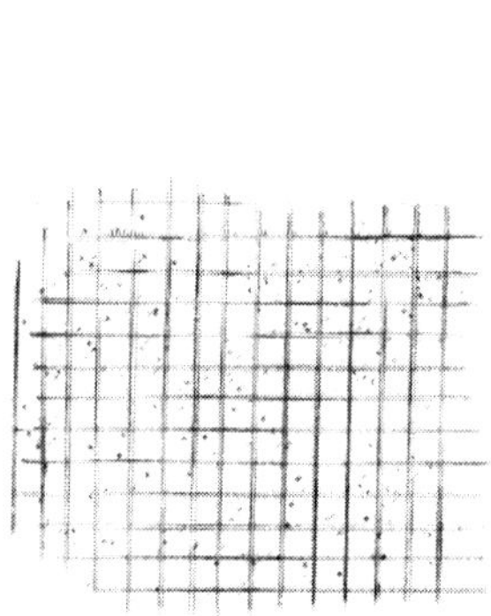

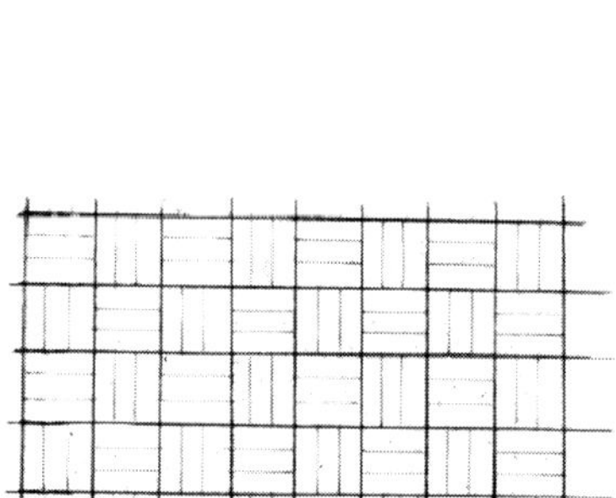

구조물 (Structure)

공간을 구성하는 요소들 가운데 부지 구조물로서 보도, 계단, 경사로, 벽, 수영장 등이 있다.

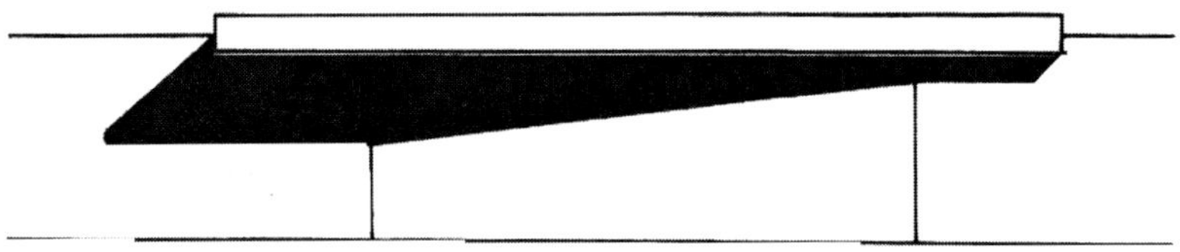

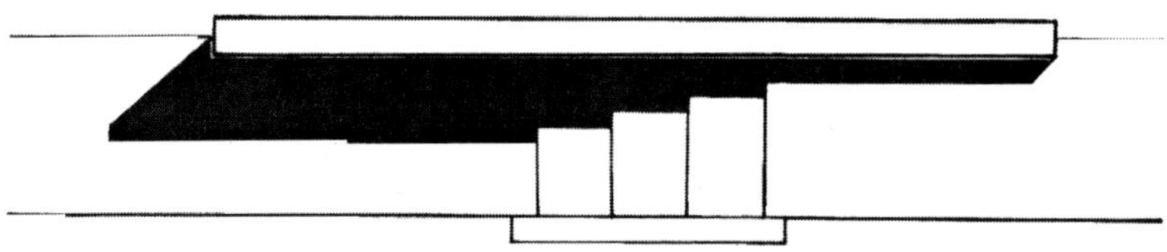

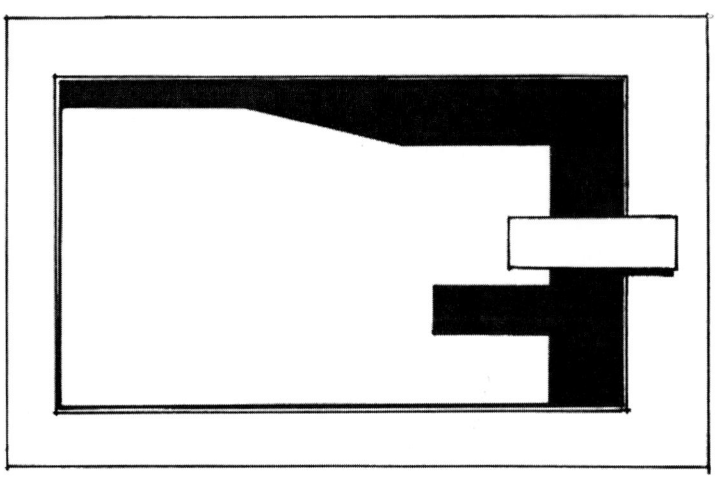

건물 (Building)

평면도에서 가장 많이 볼 수 있는 그래픽 심벌은 건물과 식물재료이다. 건물은 인공적인 환경에서 공간을 구성하는 주요한 요소이다. 평면도에서 건물은 위에서 바라본 모습이므로 건물의 수평적인 치수가 중요하다. 평면도에서 입체감을 부여하기 위하여 때로는 건물에 그늘과 그림자를 그려 넣는다.

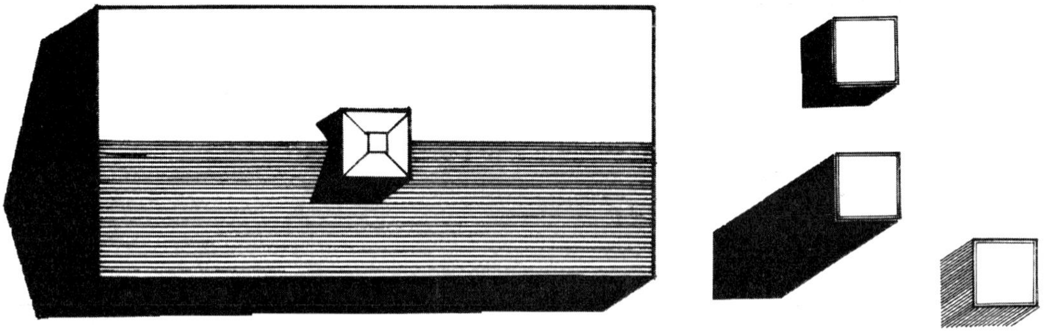

L a n d s c a p e D e s i g n G r a p h i c L a n g u a g e

02

입단면도

Section-Elevation

- 교목 (Tree)
- 관목 (Shrub)
- 물 (Water)
- 돌 (Rock)
- 하늘 (Sky)

02 입단면도

대체적으로 평면도를 통해서만 디자인 아이디어를 전달하기에는 부족할 때가 많다. 평면도에 그늘과 그림자를 그려 넣어 공간의 모습을 입체적으로 보이게 한다고 해도, 공간을 구성하는 수직적인 요소들의 세부적인 모습을 보여주기에는 분명히 한계가 있다. 또한 이러한 수직적인 요소들이 수평적인 요소들과 어떠한 관계를 지니고 있는지를 상세하게 보여주는 것은 불가능하다. 이러한 문제와 관련하여 입단면도는 공간의 모습을 명확하게 보여주는 아주 유용한 그래픽 수단이 된다.

입단면도를 그릴 때에는 평면도의 경우와 마찬가지로 정확하게 스케일에 맞춰서 그려야 한다.

입단면도 예_1 | 김신원

입단면도 예_2 | 김신원

Grant W. Reid(1987)는 그의 책 《Landscape Graphics(pp.118~127)》에서 입단면도의 용도에 대하여 제시한 바 있다. 다음은 이 가운데 몇 가지 중요한 내용들을 보여주는 그림이다.

평면도에서는 나타나지 않는 요소들을 보여준다.

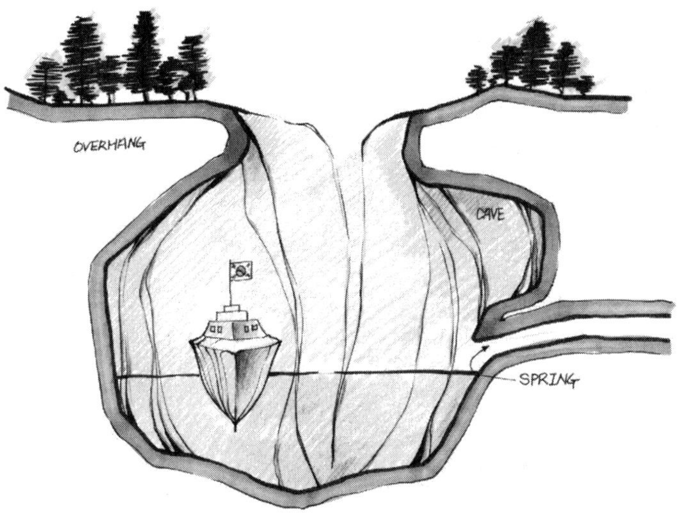

특정한 지점에서의 조망 조건을 보여준다.

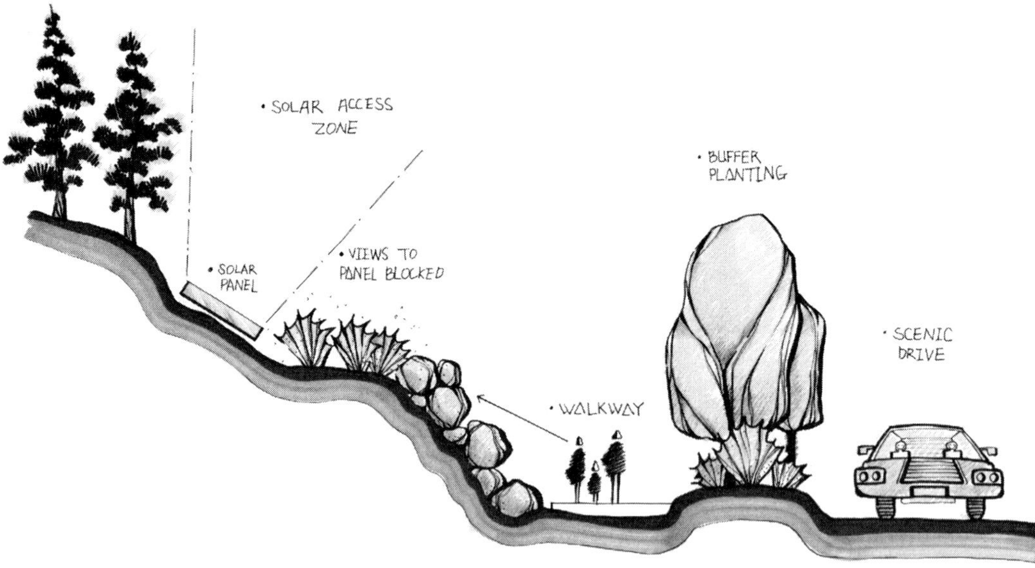

경관의 변화 및 순환 과정을 보여준다.

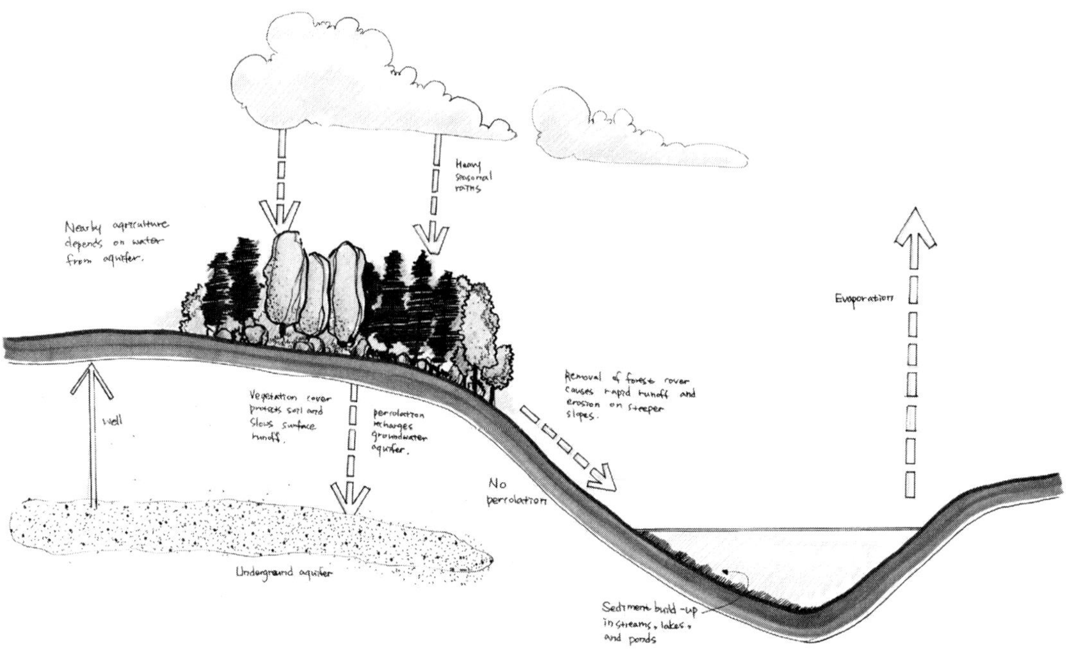

미기후 조절의 중요성을 보여준다.

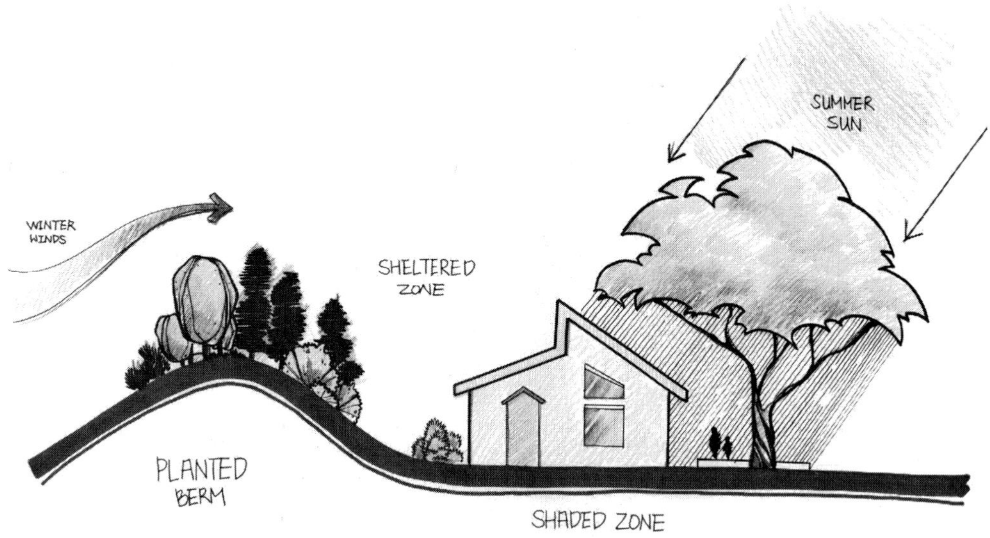

인공 환경의 세부적인 구조를 보여준다.

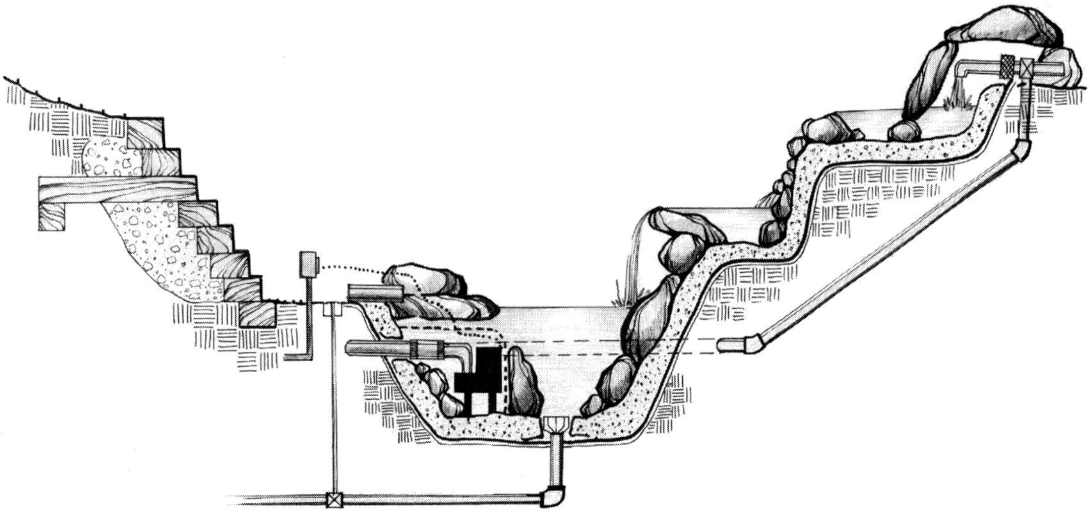

입단면도를 그릴 때에는 다음과 같은 다양한 유형의 그래픽 심벌들을 활용한다.

• 교목 (Tree) • 관목 (Shrub) • 물 (Water) • 돌 (Rock) • 하늘 (Sky)

교목 (Tree)

입단면도에서 교목은 기후, 경관, 수종, 계절과 관련된 정보를 전달하는 시각적인 매체로서 공간에 스케일감, 시간성, 장소감을 부여한다.

교목을 그리기 위하여 먼저 외형선을 그리고, 나무줄기와 주요 가지들을 그린 후 잎의 질감 및 음영을 고려하여 나머지 필요한 부분을 그려 넣는다.

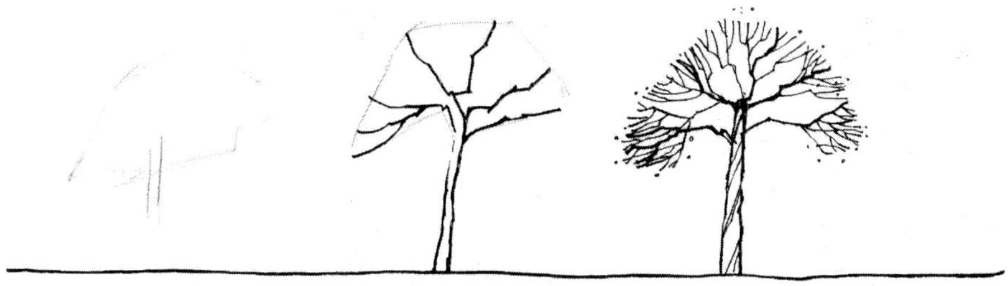

교목을 그릴 때에는 수목의 외형선 혹은 가지만으로 표현할 수 있다.

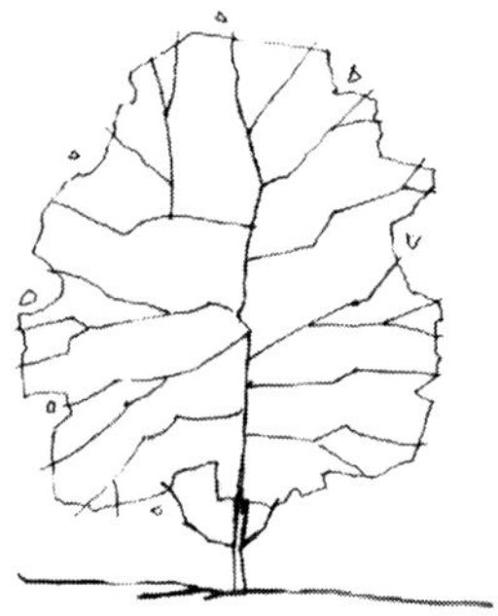
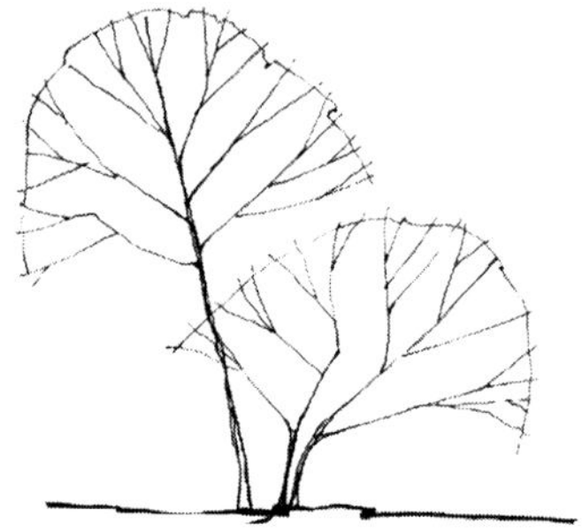

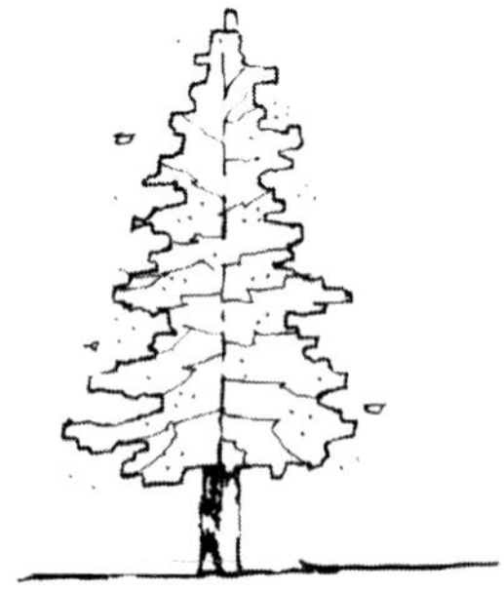

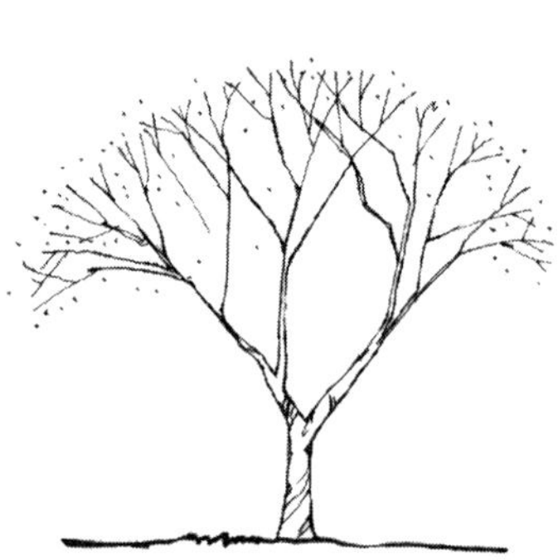
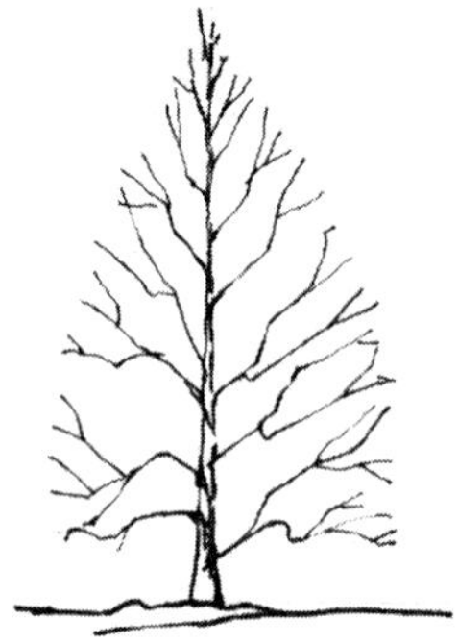

입단면도에서 교목을 표현하기 위하여 다음과 같은 다양한 형태, 수종, 질감, 계절과 관련된 그래픽 심벌들을 활용할 수 있다.

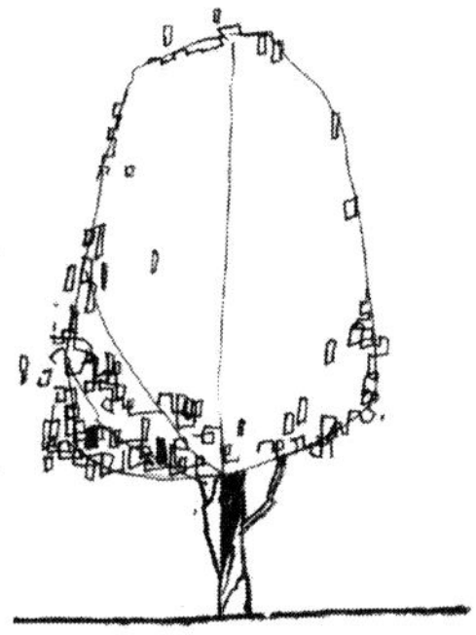

관목 (Shrub)

관목을 그리기 위하여 먼저 외형선을 그리고, 주요 가지들을 그린 후 잎의 질감과 음영을 그려 넣는다.

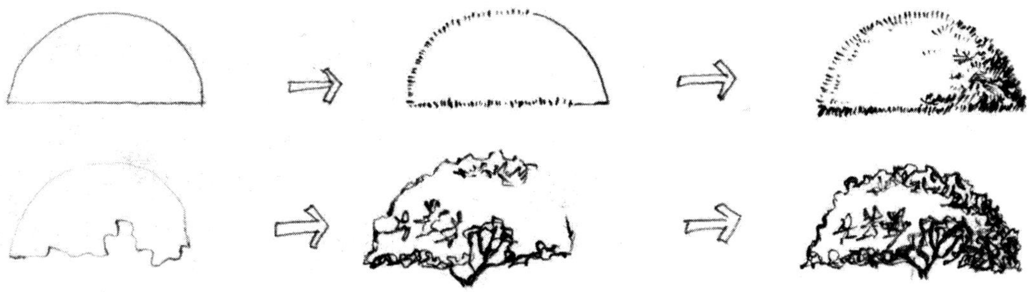

입단면도에서 관목을 표현하기 위하여 다음과 같은 다양한 형태, 질감, 명암을 지닌 그래픽 심벌들을 활용할 수 있다.

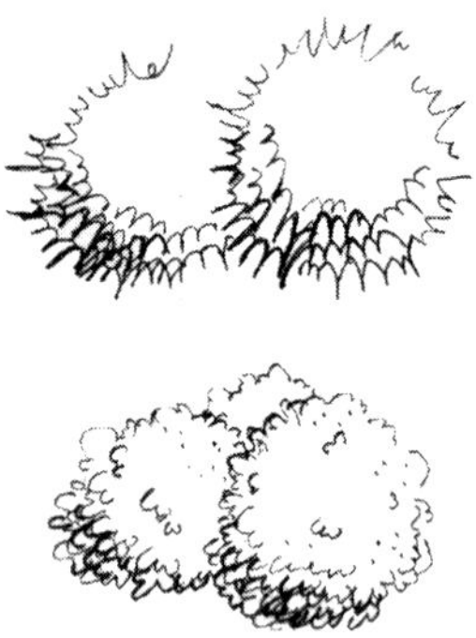

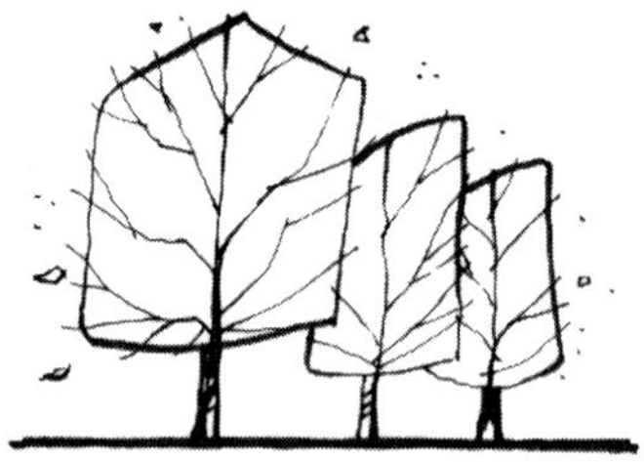

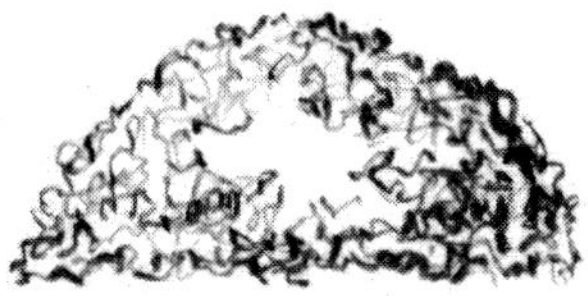

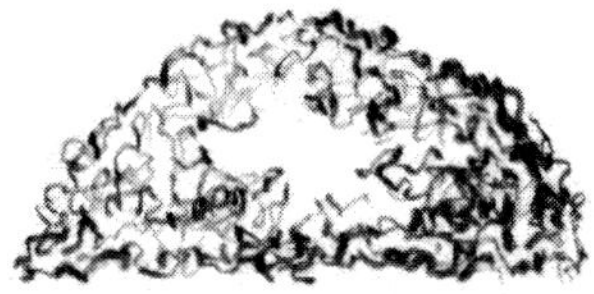

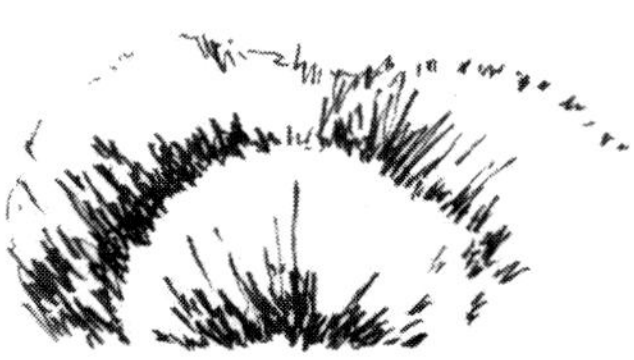

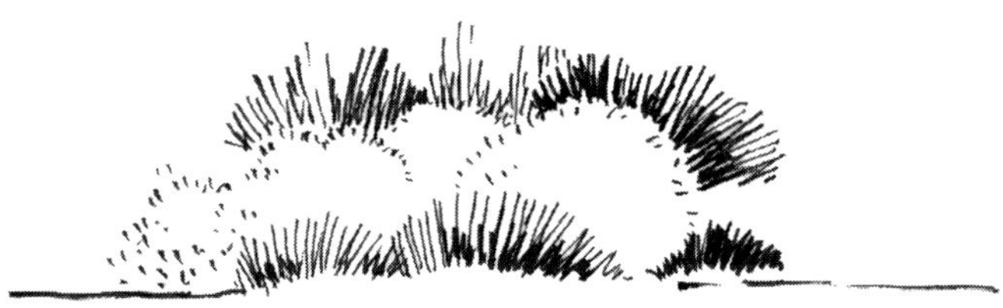

물 (Water)

입단면도에서 물은 생동감, 역동성, 움직임을 부여하여 공간에 시각적인 활력을 불어넣는 그래픽 요소이다.

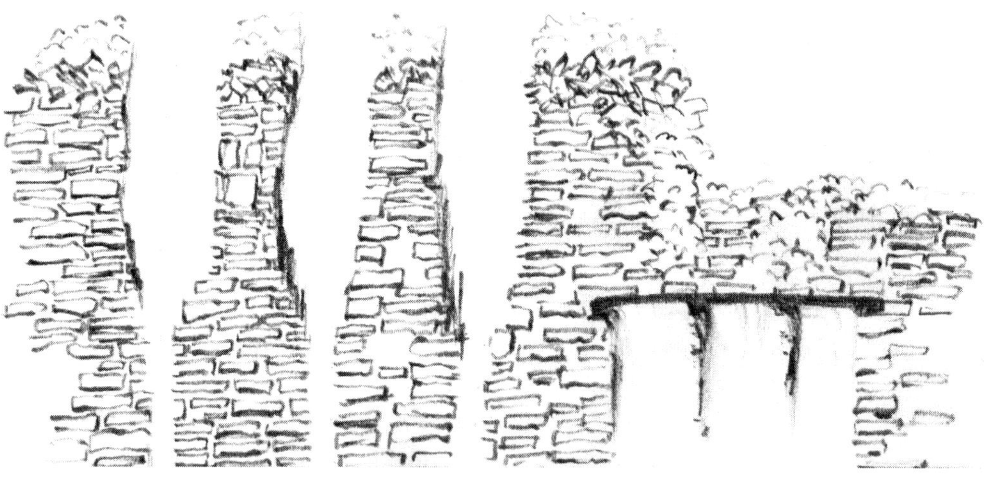

돌 (Rock)

입단면도에서 돌은 다양한 크기, 형태, 질감, 명암으로 표현된다.

하늘 (Sky)

입단면도에서 하늘은 경관적 배경과 맥락의 기능을 지니며, 공간에 분위기를 제공하는 그래픽 요소이다.

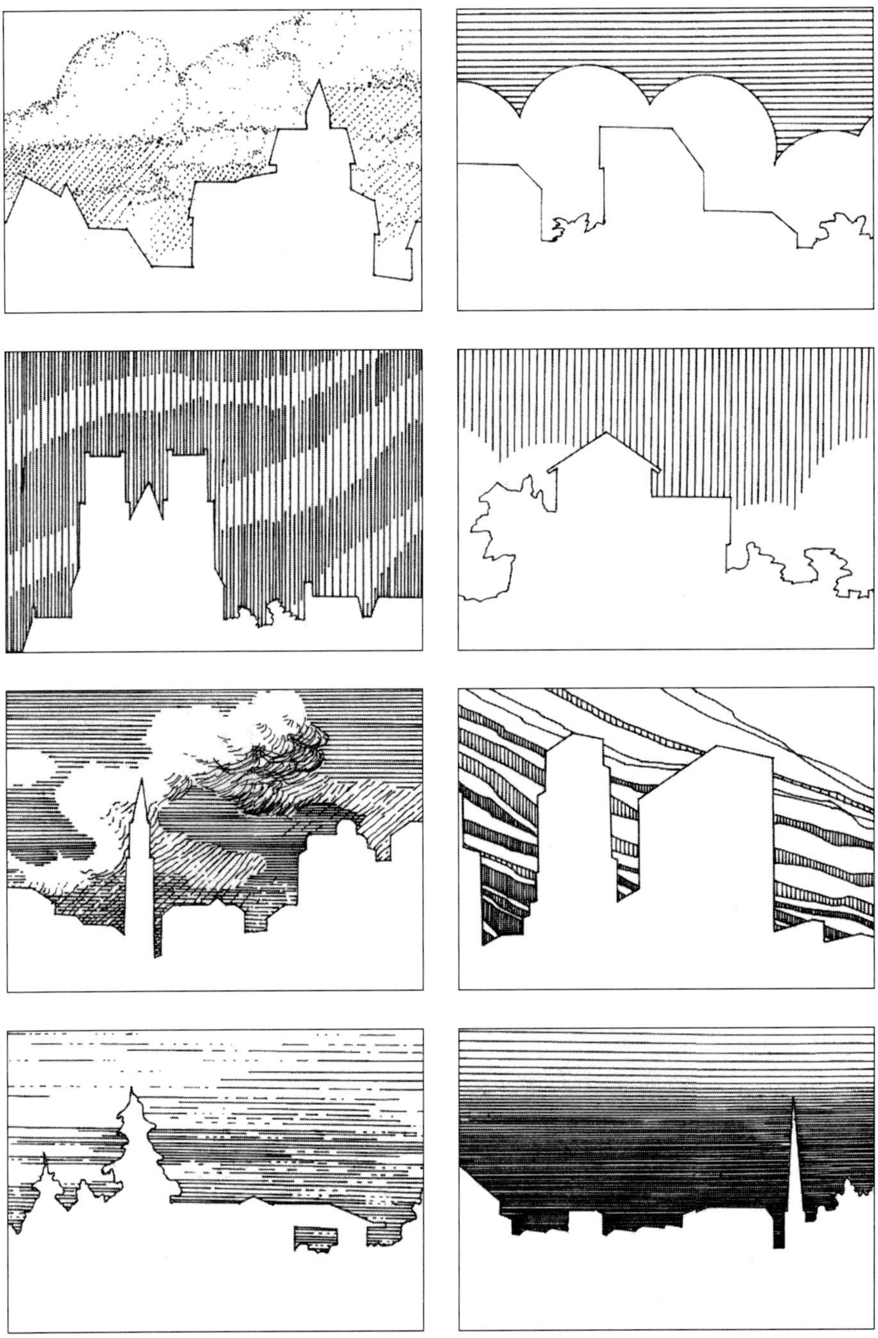

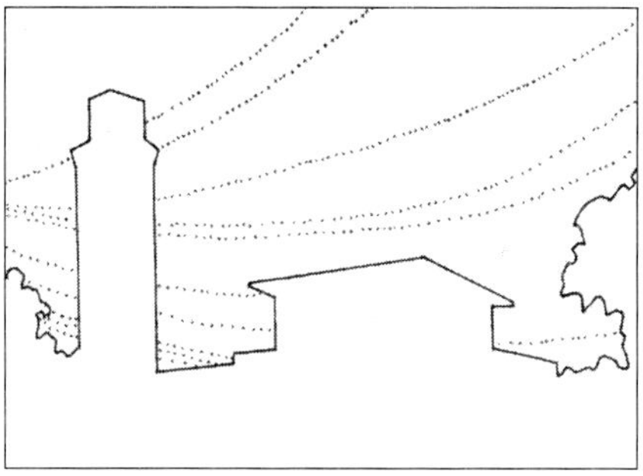

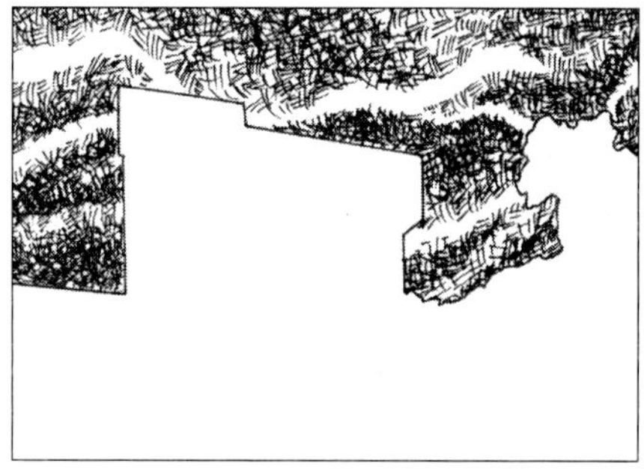

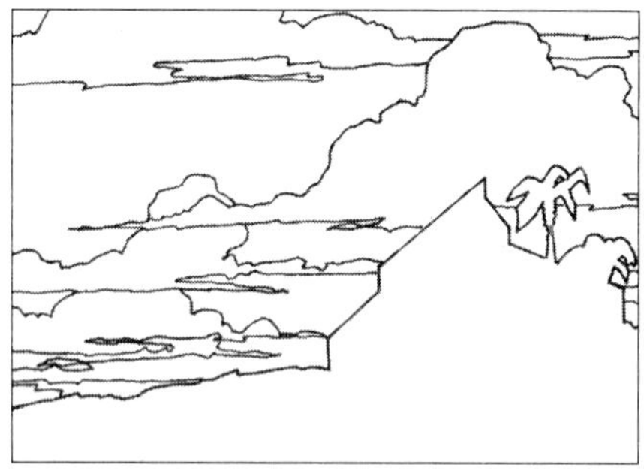

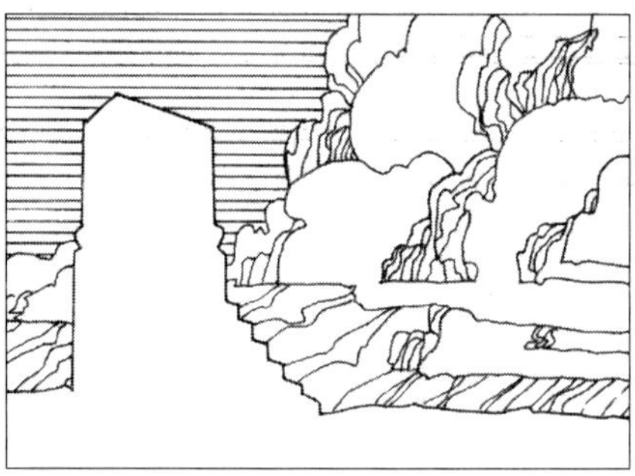

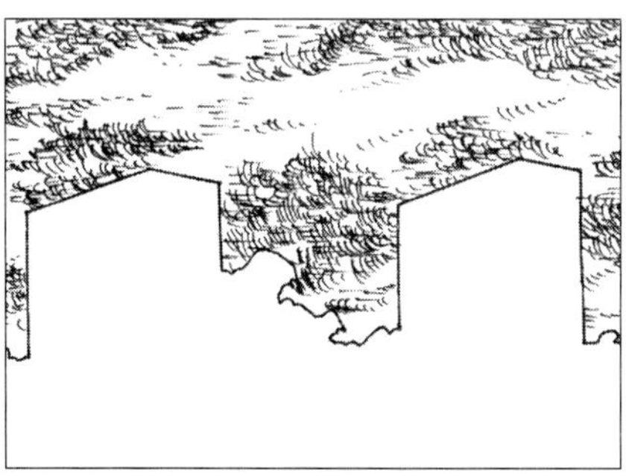

03

스케치

Sketch

- 자연경관 (Natural Landscape)
- 물 (Water)
- 바닥면 (Ground Plane)
- 구조물 (Structure)
- 건물 (Building)
- 사람 (Human Figure)
- 자동차 (Automobile)

03 스케치

스케치는 시각적인 경험이나 머릿속의 이미지를 기록하고 전달하는 그래픽 수단이다. 조경디자인을 포함하여 그래픽 분야와 관련된 디자이너에게 있어서 스케치를 신속하고 효과적으로 할 수 있는 능력은 매우 중요하다.

스케치를 하는 데 있어서 가장 중요한 사항 가운데 하나는 그리고자 하는 대상물을 적당한 크기와 비율로 조화와 균형을 이루도록 그려야 한다는 점이다.

스케치 예 | 김신원

스케치를 할 때에는 다음과 같은 다양한 유형의 그래픽 심벌들을 활용한다.

- 자연경관 (Natural Landscape)
- 물 (Water)
- 바닥면 (Ground Plane)
- 구조물 (Structure)
- 건물 (Building)
- 사람 (Human Figure)
- 자동차 (Automobile)

자연경관 (Natural Landscape)

자연경관은 산, 호수, 식물재료, 돌 등 주로 자연적인 그래픽 요소를 활용하여 그린다.

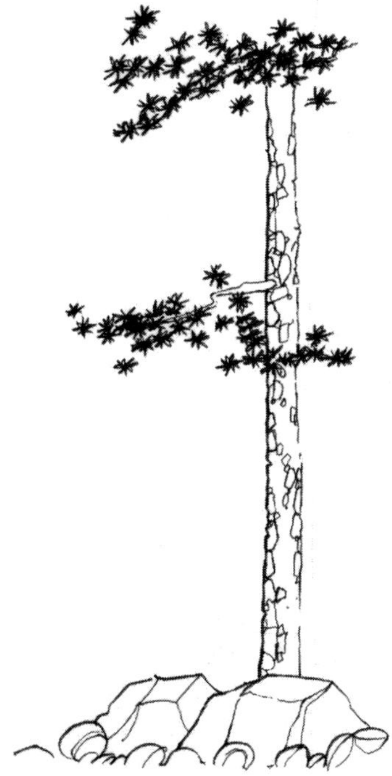

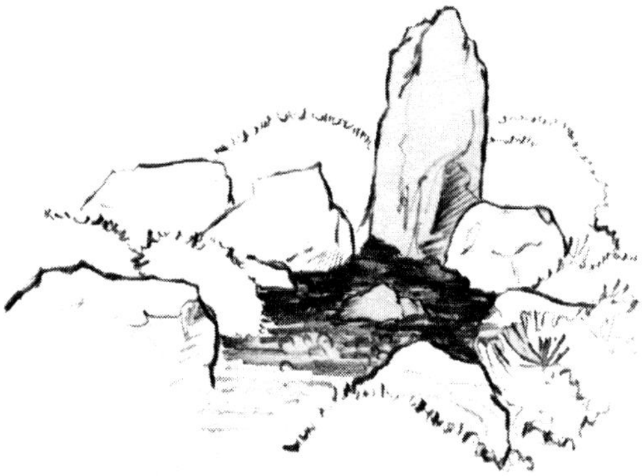

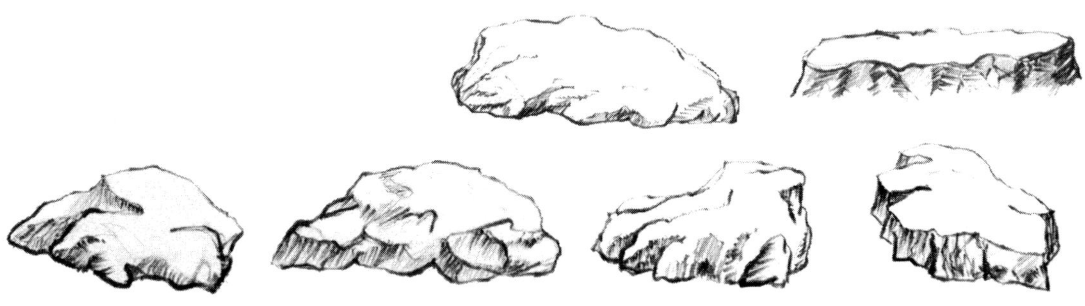

물 (Water)

물의 요소는 자연적이거나 인공적인 모습을 지니며, 주변의 사물을 반영하고 움직임을 보여준다.

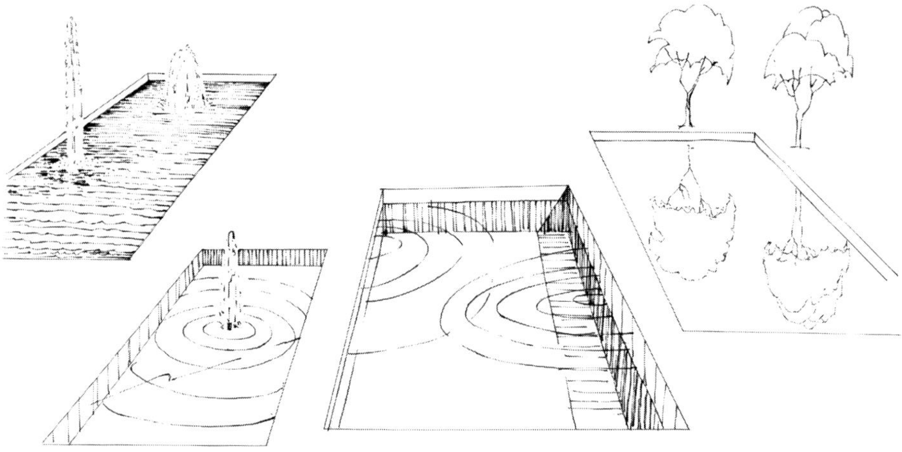

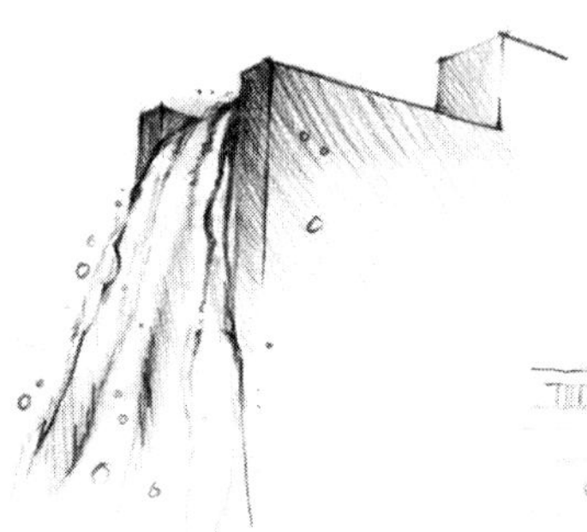

바닥면 (Ground Plane)

여러 가지 재료에 의하여 형성되는 다양한 바닥면의 모습을 원근감을 고려하여 스케치한다.

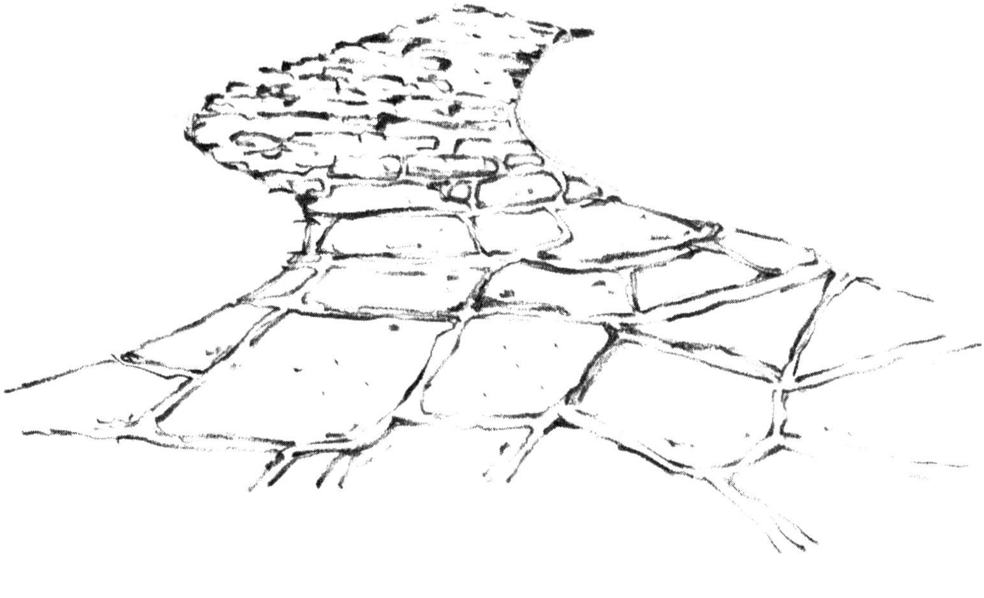

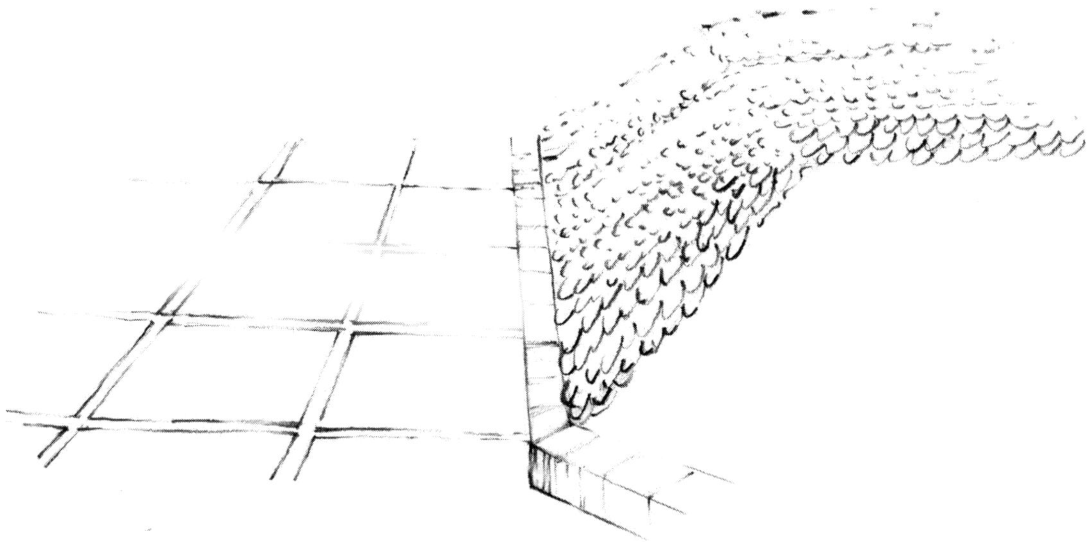

구조물 (Structure)

공간을 구성하는 부지 구조물로서 앉음벽, 담, 울타리, 플랜터 등이 있다.

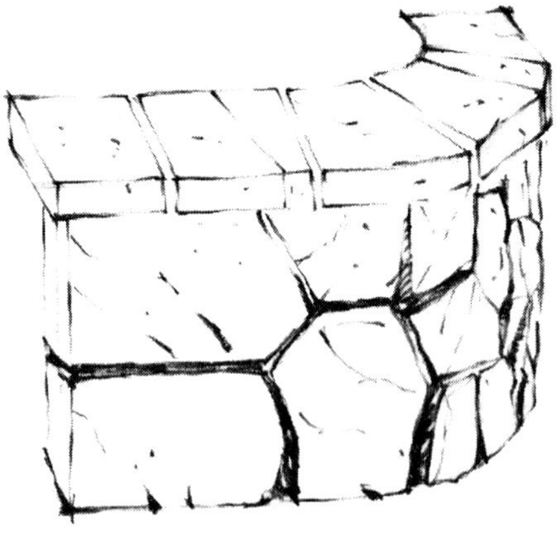

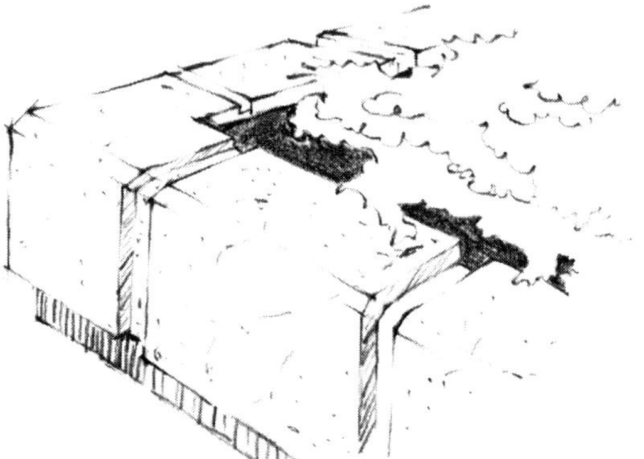

건물 (Building)

건물을 스케치할 때에는 먼저 건물의 전체적인 외형선을 개략적으로 그리고, 세부적인 부분을 상세하게 그려 넣은 후 그늘과 그림자를 통하여 입체감을 높인다.

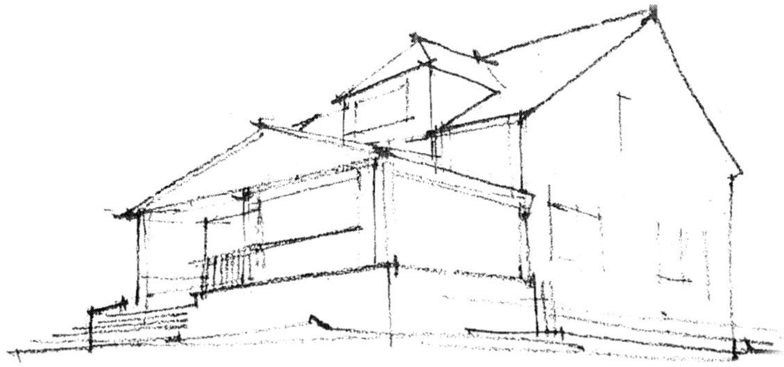

출처 | Wang(1977) p.74

명암을 그려 넣어 음영의 효과를 나타내고 스케치의 입체감을 살린다.

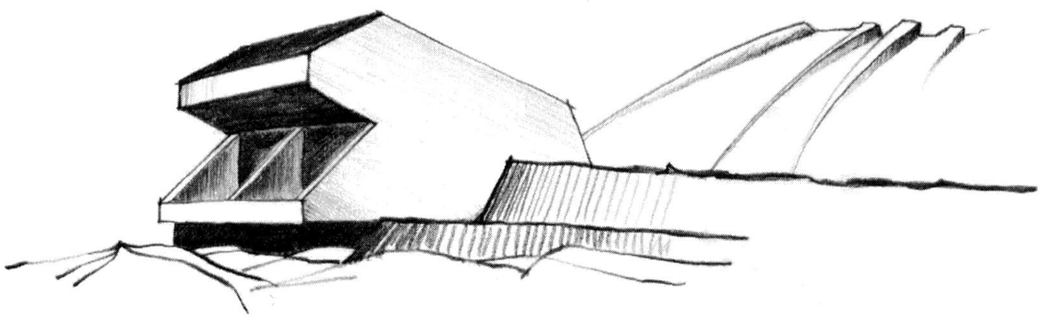

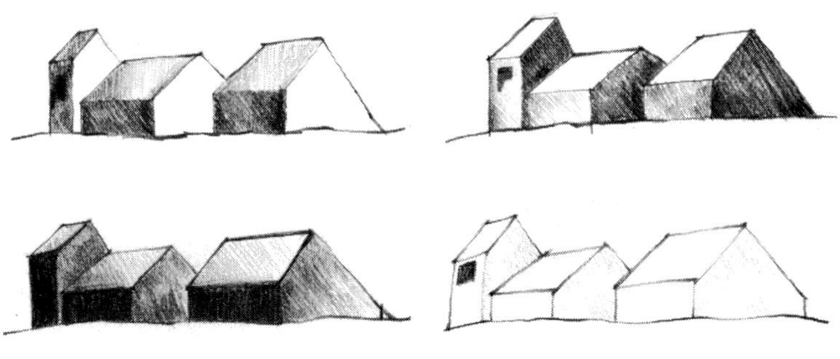

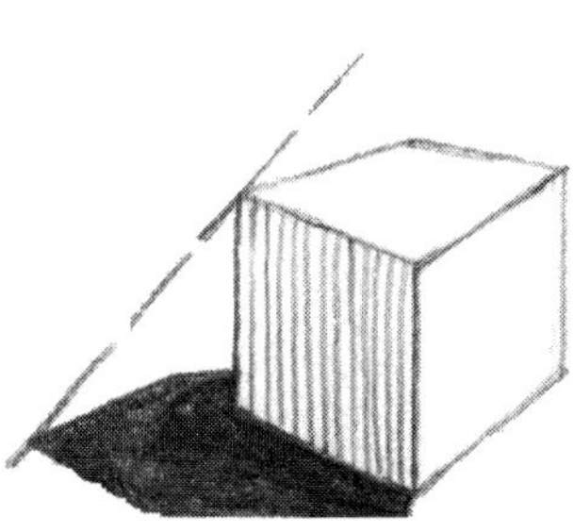

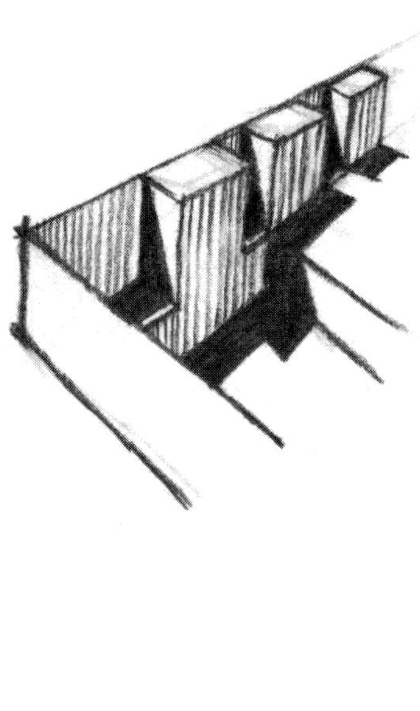

좋은 스케치는 단순히 여러 가지 선과 형상들이 조합되어 이루어지는 것이 아니다. 스케치를 잘 하기 위해서는 그리고자 하는 대상물을 적당한 비율로 균형 있게 구성하여 그려야 한다. 다음은 다양한 모습의 스케치를 보여준다.

사람 (Human Figure)

사람을 그릴 때에는 신체의 비율을 고려하여 그린다. 사람을 그리기 위하여 먼저 비율과 동작에 맞게 외형선을 그리고, 세부적인 부분을 상세하게 그려 넣는다.

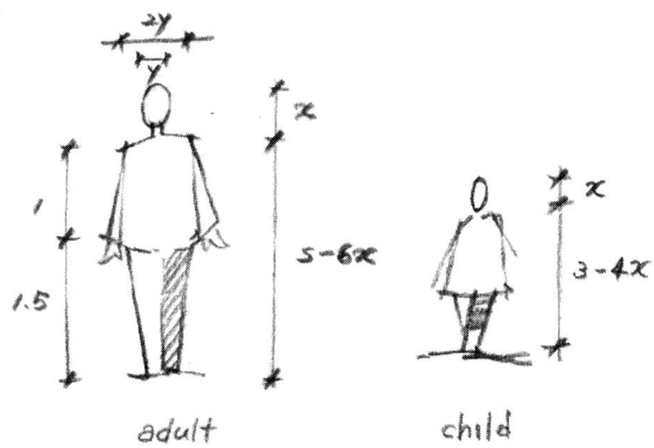

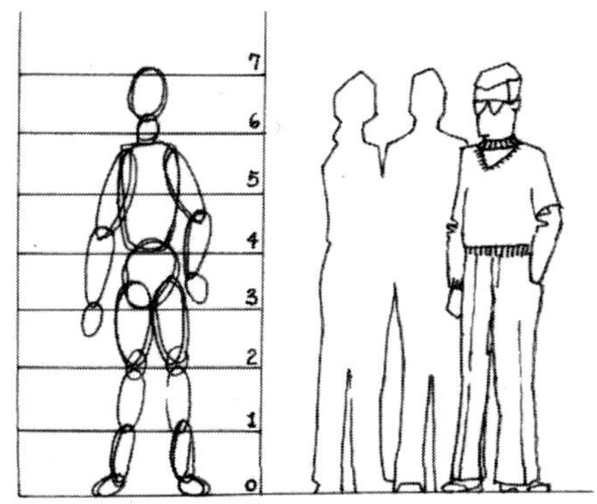

스케치를 할 때에 공간에 스케일감을 부여하고 생동감과 활력을 제공하기 위하여 이용자들의 모습을 스케일에 맞춰서 그려 넣는다.

Crate&

자동차 (Automobile)

자동차를 그릴 때에는 먼저 크기와 형상을 고려하여 외형선을 그리고, 세부적인 부분을 상세하게 그린 후 음영을 집어 넣는다. 자동차는 공간에 스케일감을 부여하고 역동성과 운동감을 제공한다.

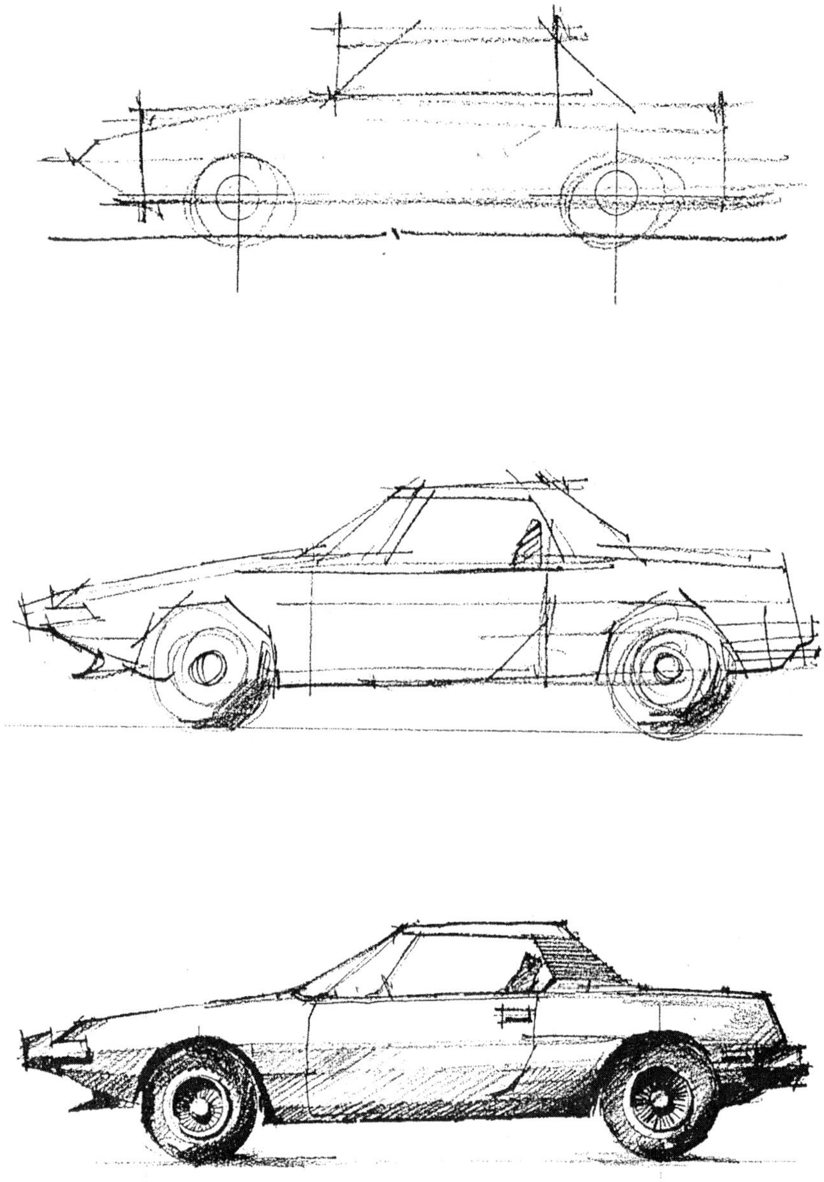

출처 | Wang(1977) p.91

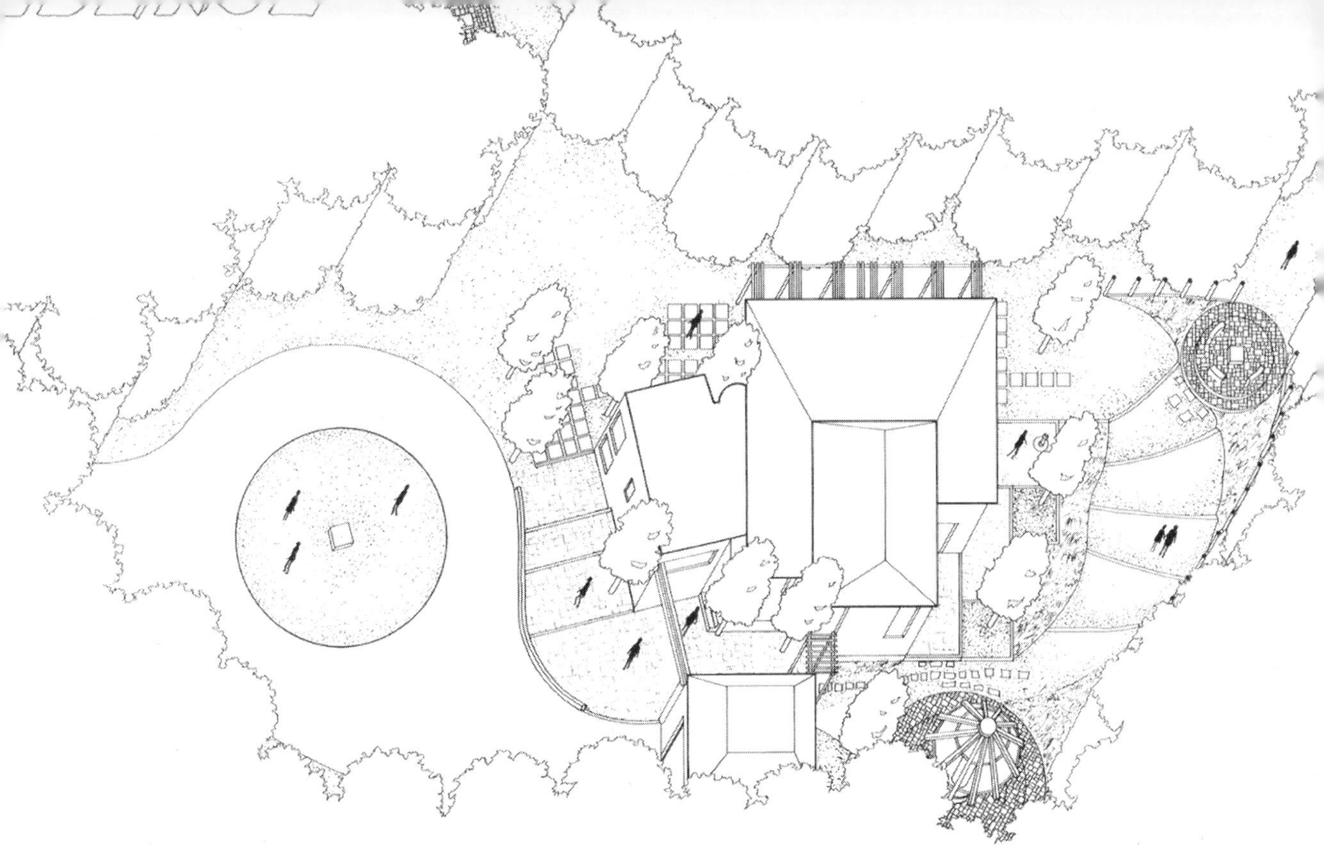

LandscapeDesignGraphicLanguage

04 액소노메트릭

Axonometric

04 액소노메트릭

액소노메트릭은 평행 투상도(paraline drawing)의 한 형태로서, 디자인된 공간을 입체적으로 표현한다. 아이소메트릭(isometric)보다 간단하고 신속하게 그릴 수 있고 용이하게 작도할 수 있으므로 널리 사용되는 그림이다.

다음의 그림들은 액소노메트릭의 개념 및 모습을 보여준다.

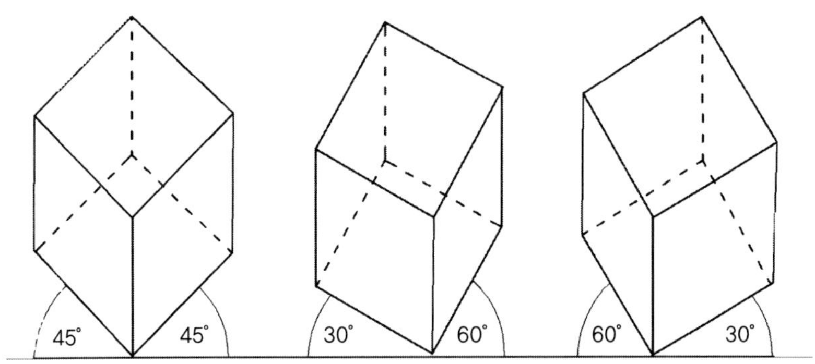

액소노메트릭 개념도

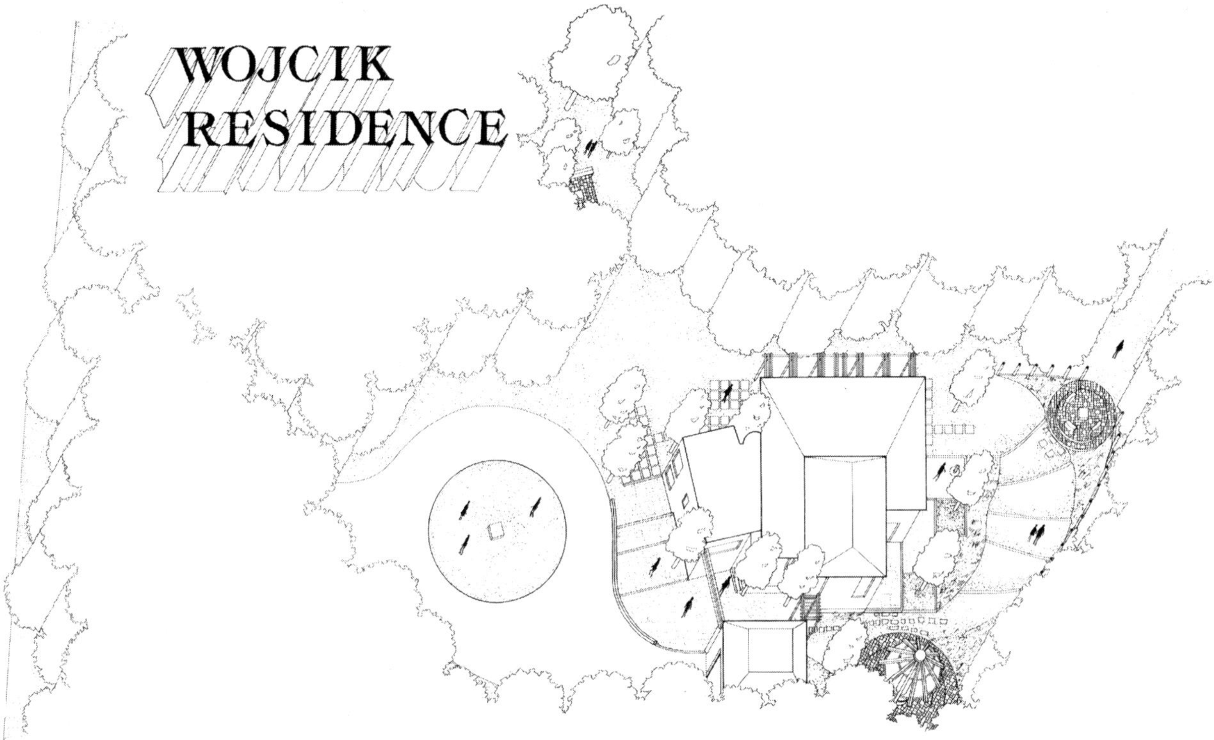

액소노메트릭 예 | 김신원

제시된 액소노메트릭과 같은 그림의 정확한 명칭은 플랜 오블리크(plan oblique)이다.

다음은 디자인된 공간의 평면도를 가지고 액소노메트릭을 그리는 방법이다.

먼저 평면도를 액소노메트릭 개념도에 제시된 그림에서와 같이 일정한 각도(예: 좌·우 45°)를 이루도록 배치하고, 이 평면도 위에 트레이싱 페이퍼(tracing paper)를 붙인다.

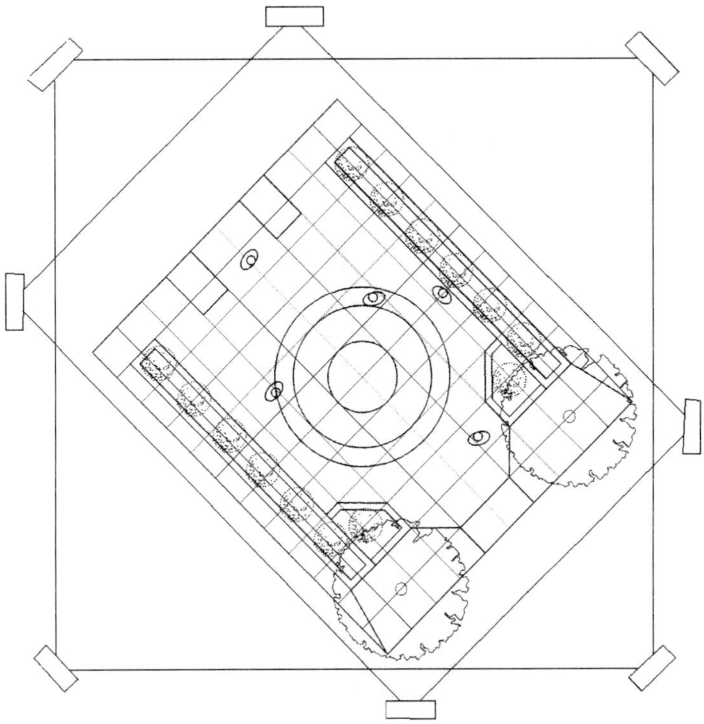

이제 트레이싱 페이퍼 위에서 액소노메트릭을 그리기 시작한다. 평면도에 있는 각 구성요소의 모서리에서 수직선을 올린 후, 각 요소의 높이를 결정한다. 액소노메트릭에서는 각각의 가로, 세로, 높이의 선이 서로 평행을 이루며 동일한 축척으로 그려진다. 관찰자에 가까이 있는 요소부터 그려 넣어 액소노메트릭을 완성한다.

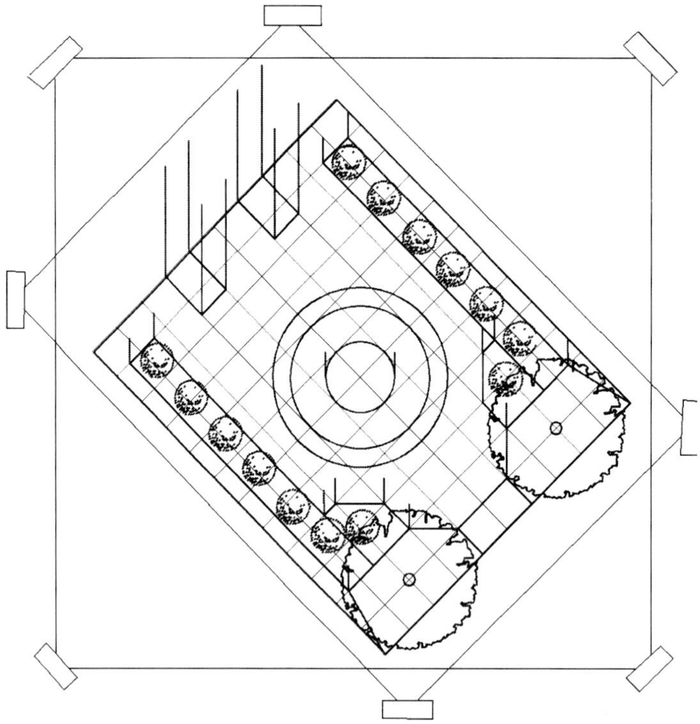

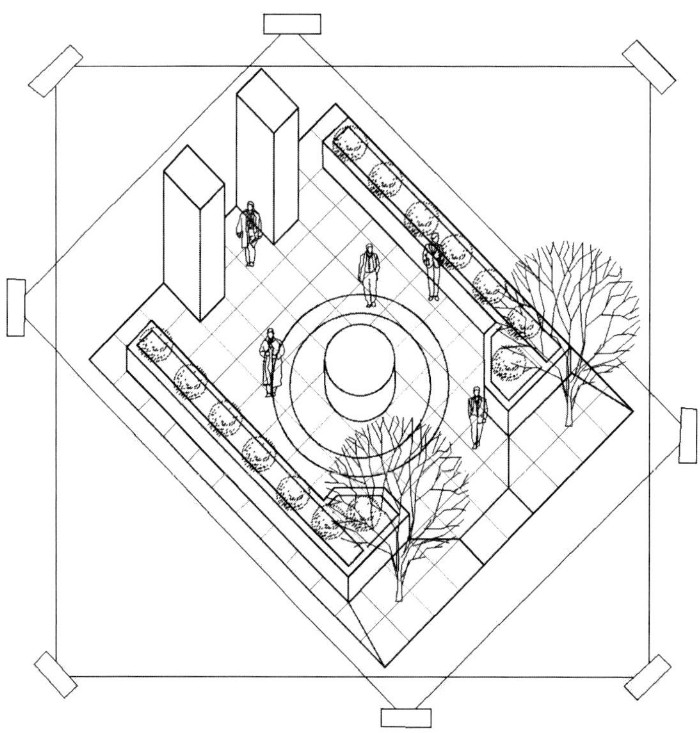

다음에 제시하는 그림들은 다양한 모습의 평면도와 액소노메트릭을 보여준다.

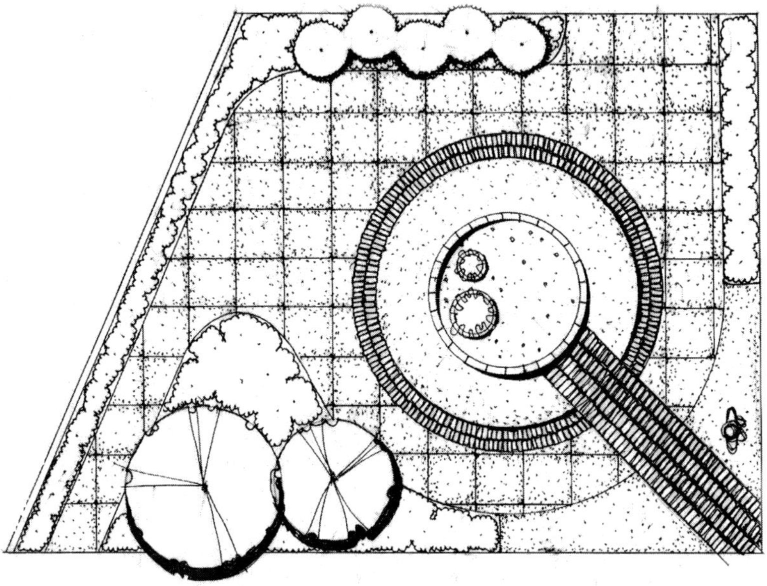

| 곽인경

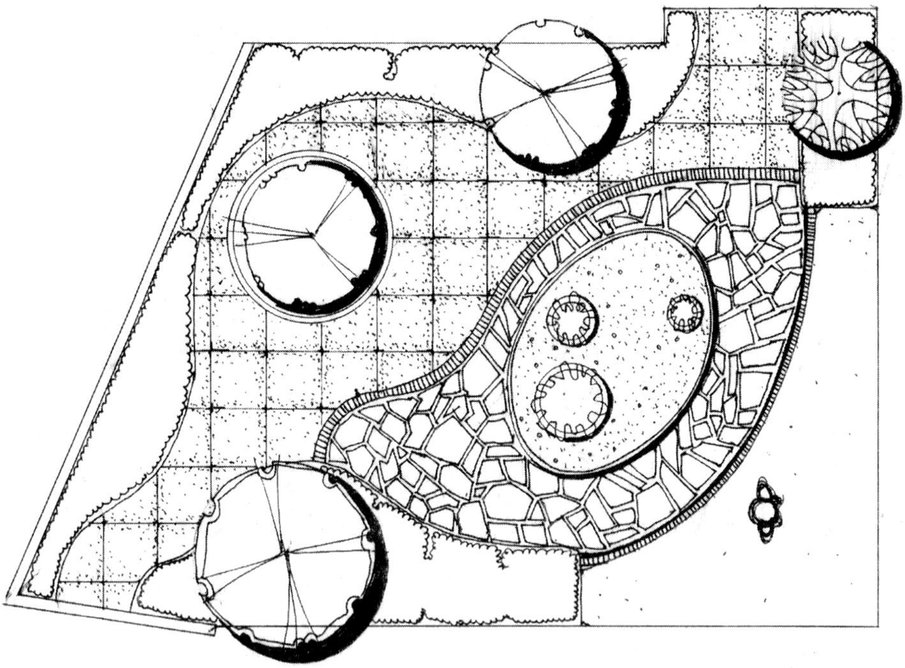

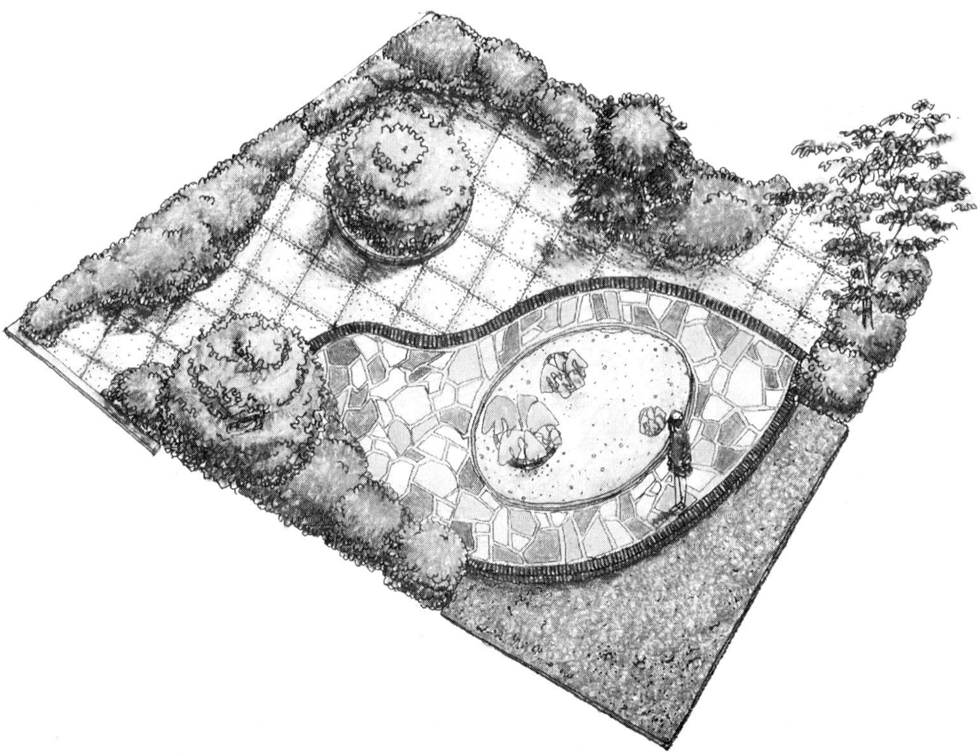

| 곽인경

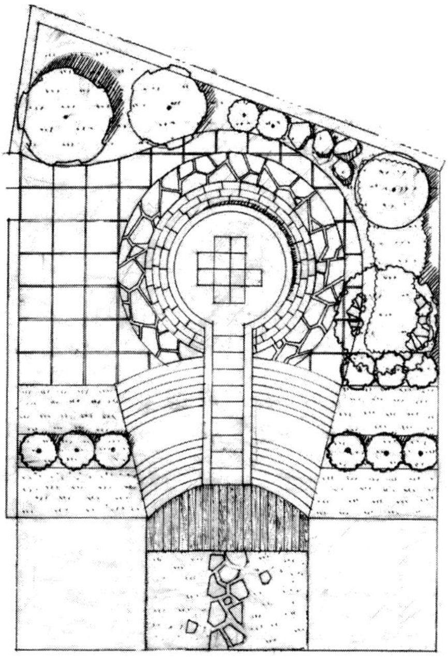

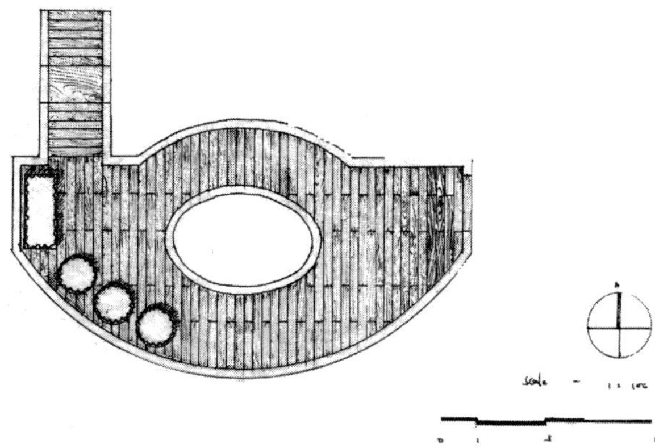

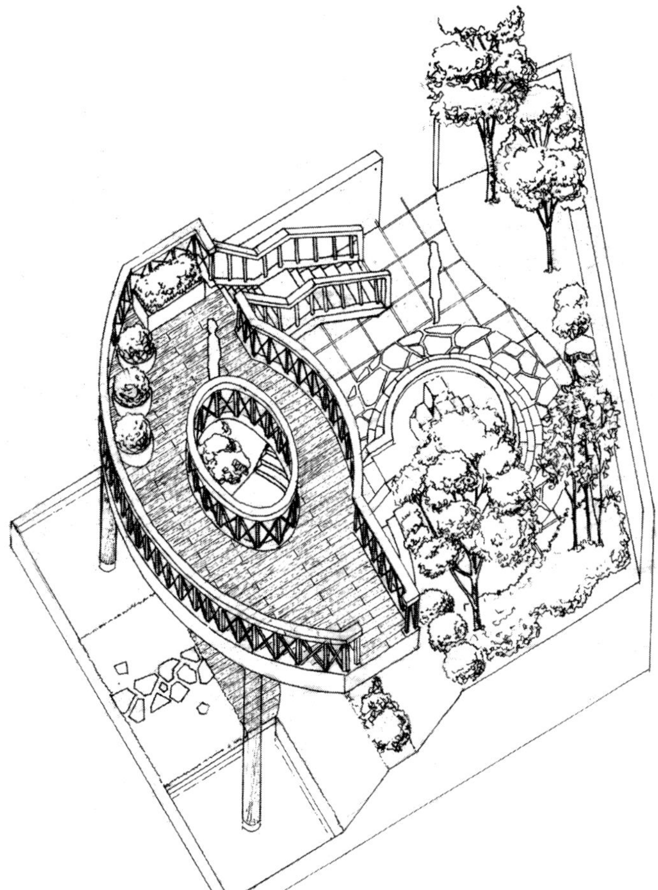

| 양이섭

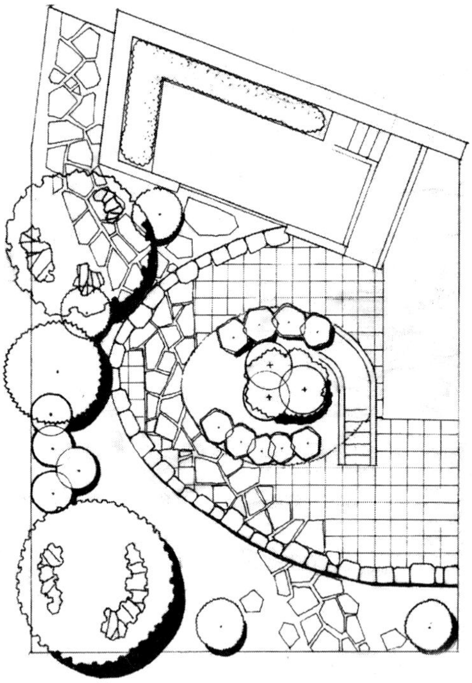

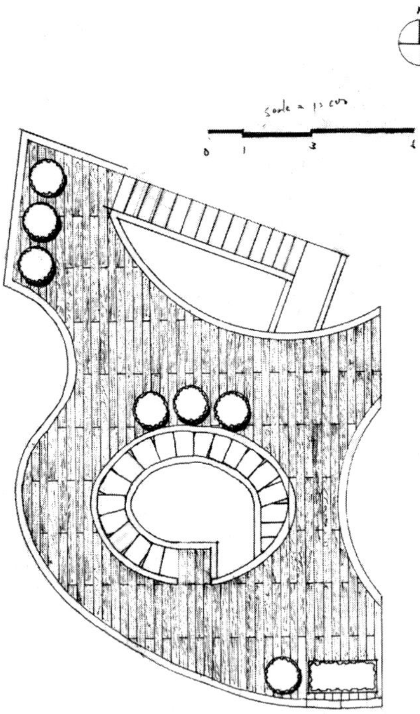

| 양이섭

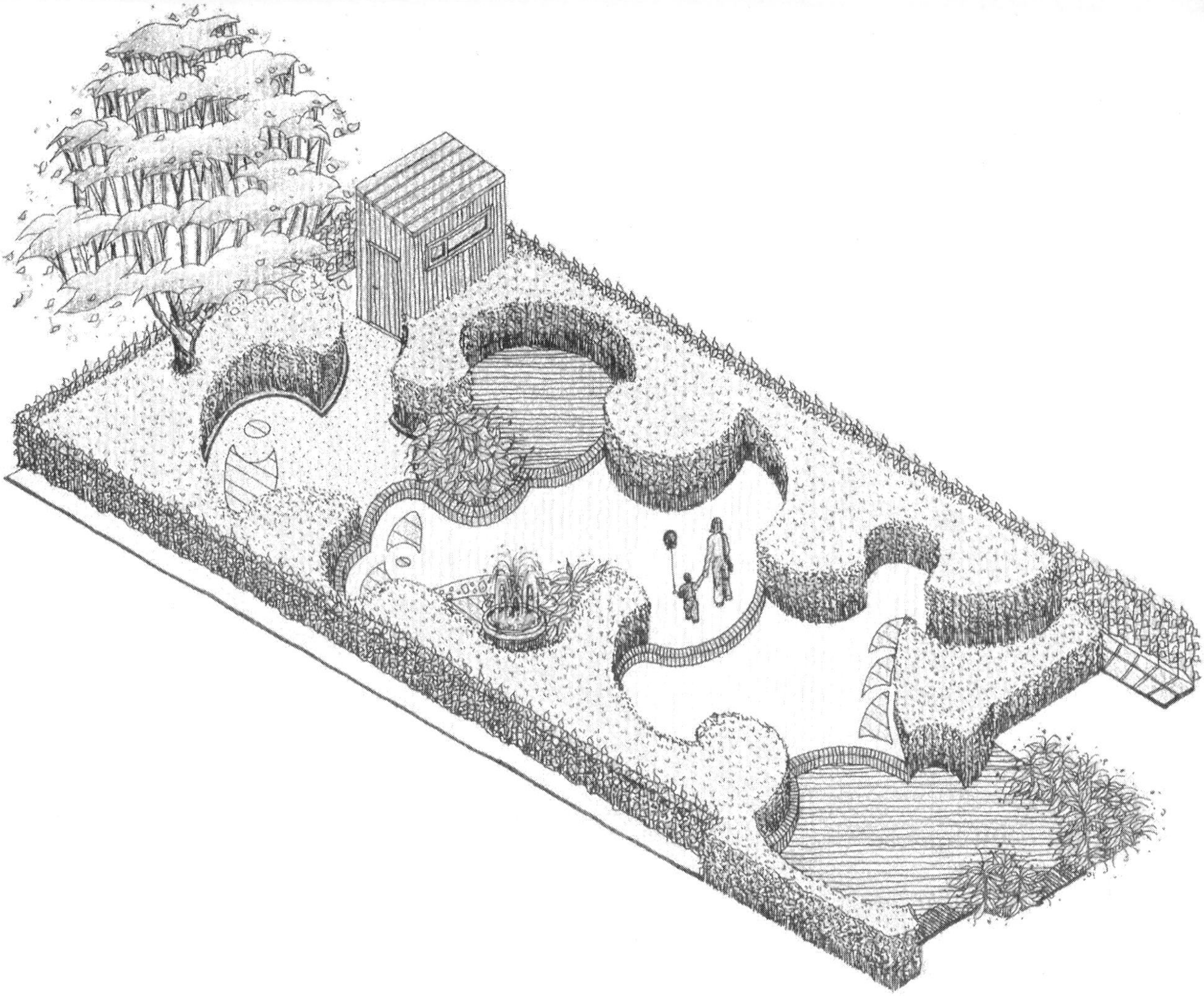

L a n d s c a p e D e s i g n G r a p h i c L a n g u a g e

05 아이소메트릭

Isometric

05 아이소메트릭

아이소메트릭은 액소노메트릭(axonometric)과 마찬가지로 평행 투상도의 한 형태이며, 디자인된 공간을 입체적으로 표현한다. 아이소메트릭 또한 일반적으로 활용되고 있는데, 액소노메트릭보다 시점이 낮아 안정적으로 보이는 특성을 지닌다. 또한 관찰자에게 어느 특정한 면만 부각되지 않고 세 개의 면이 모두 동등하게 보여, 전체적인 형태나 면의 윤곽을 파악하는 데 용이한 특성을 갖는다.

다음의 그림들은 아이소메트릭의 개념, 특성 및 모습을 보여준다.

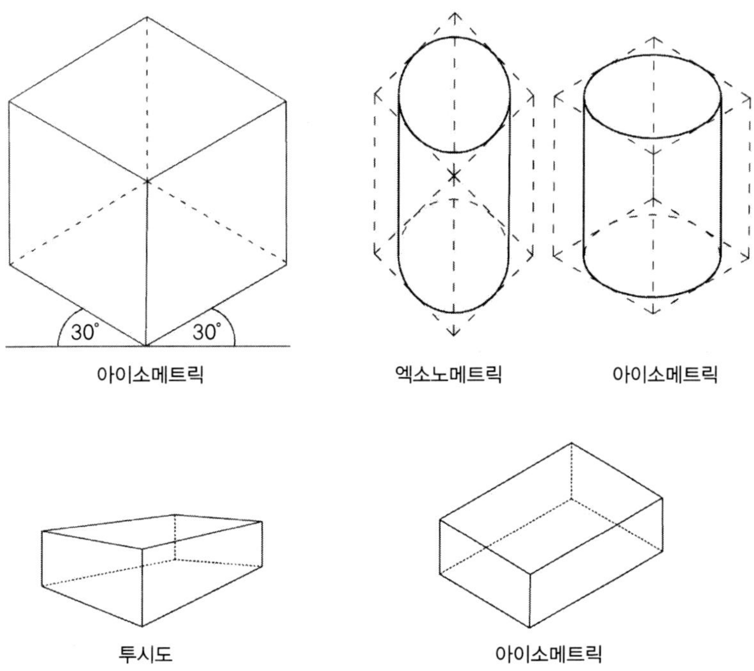

아이소메트릭의 개념 및 특성

아이소메트릭 예_1 | 승지현

아이소메트릭 예_2, 3 | 김주애

다음은 디자인된 공간의 평면도를 가지고 아이소메트릭을 그리는 방법이다.

먼저 평면도 위에 동일한 간격으로 그리드를 그린다. 이 평면도는 아이소메트릭을 그리기 위해 나중에 사용된다.

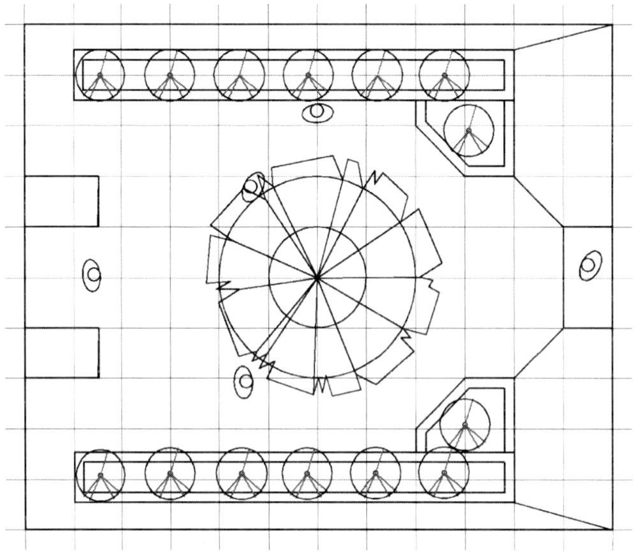

다음, 트레이싱 페이퍼 위에 그림에서와 같이 수평선과 좌 · 우 30°의 각도를 이루도록 선을 긋는다. 이 두 선을 적당한 축척에 의해 평면도에 그린 그리드의 수에 맞춰 동일한 간격으로 분할한다. 또한 분할된 각각의 해당되는 눈금을 서로 연결해서 아이소메트릭 바닥면의 그리드를 완성한다.

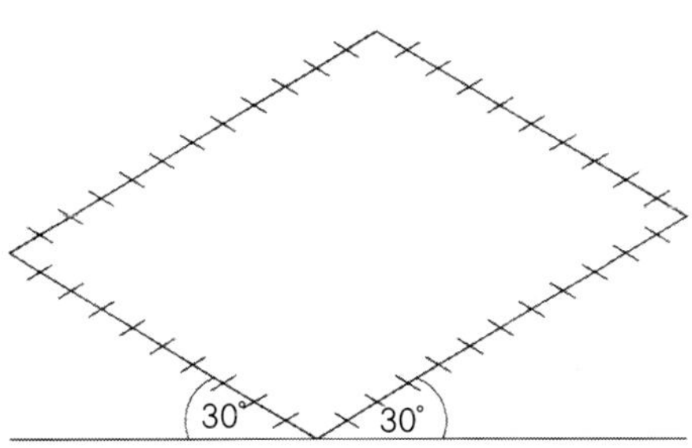

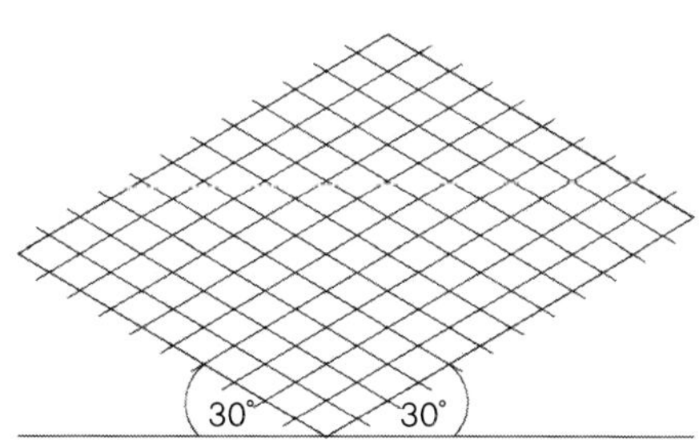

이제 평면도의 내용을 아이소메트릭의 바닥면 그리드에 옮겨 그린다. 각 구성요소를 그리드의 해당되는 위치에 올바르게 배치한다. 평면도에 있는 각 요소의 모서리에서 수직선을 올린 후, 각각의 높이를 결정한다. 아이소메트릭은 액소노메트릭의 경우와 마찬가지로 각각의 가로, 세로, 높이의 선이 서로 평행을 이루는 한편 동일한 축척에 의해 그려진다. 관찰자에 가까이 있는 요소부터 그려넣어 그림을 완성한다.

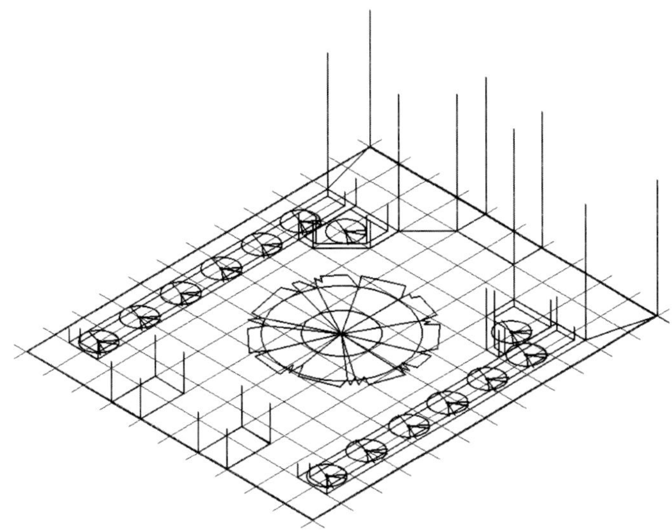

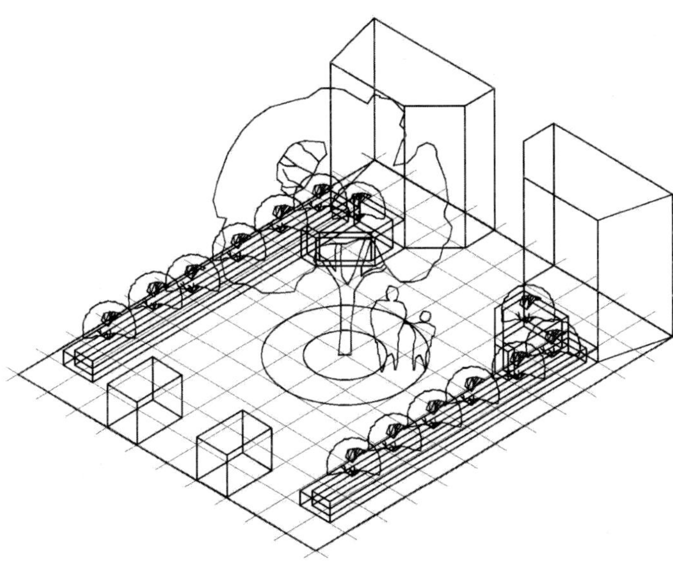

다음의 그림들은 다양한 그래픽 기법으로 그려진 평면도와 아이소메트릭이다.

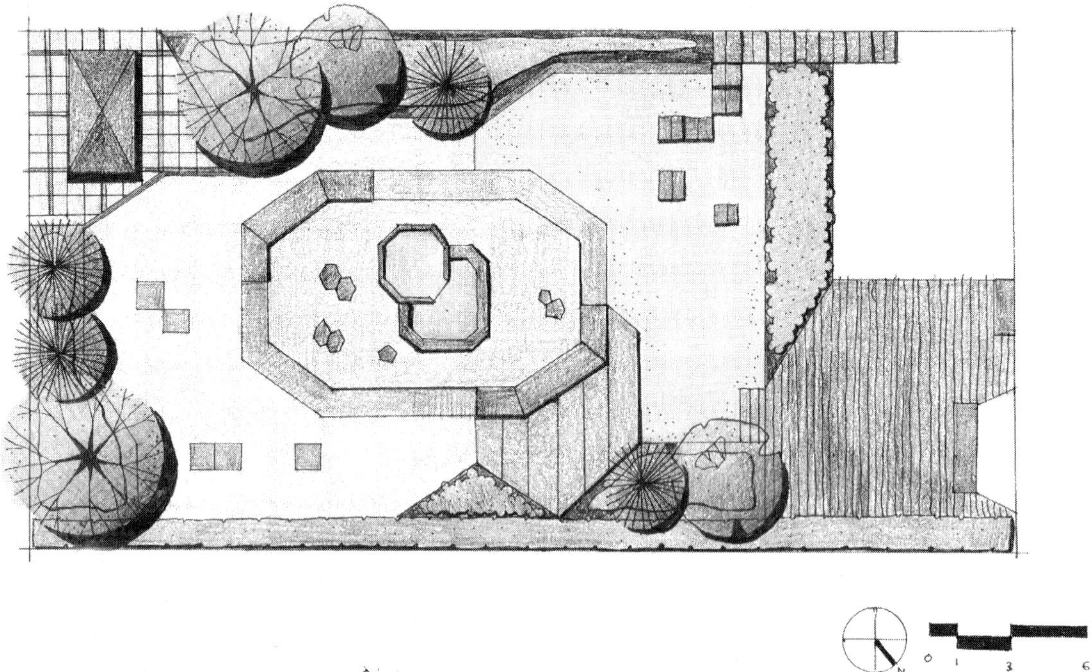

| 김성은

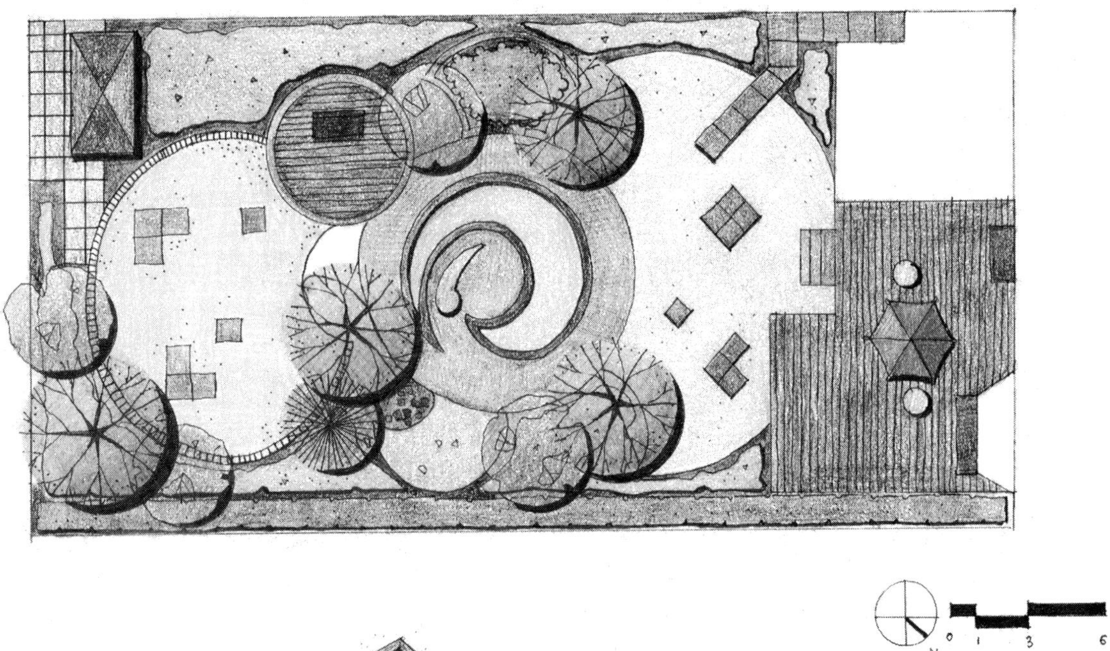

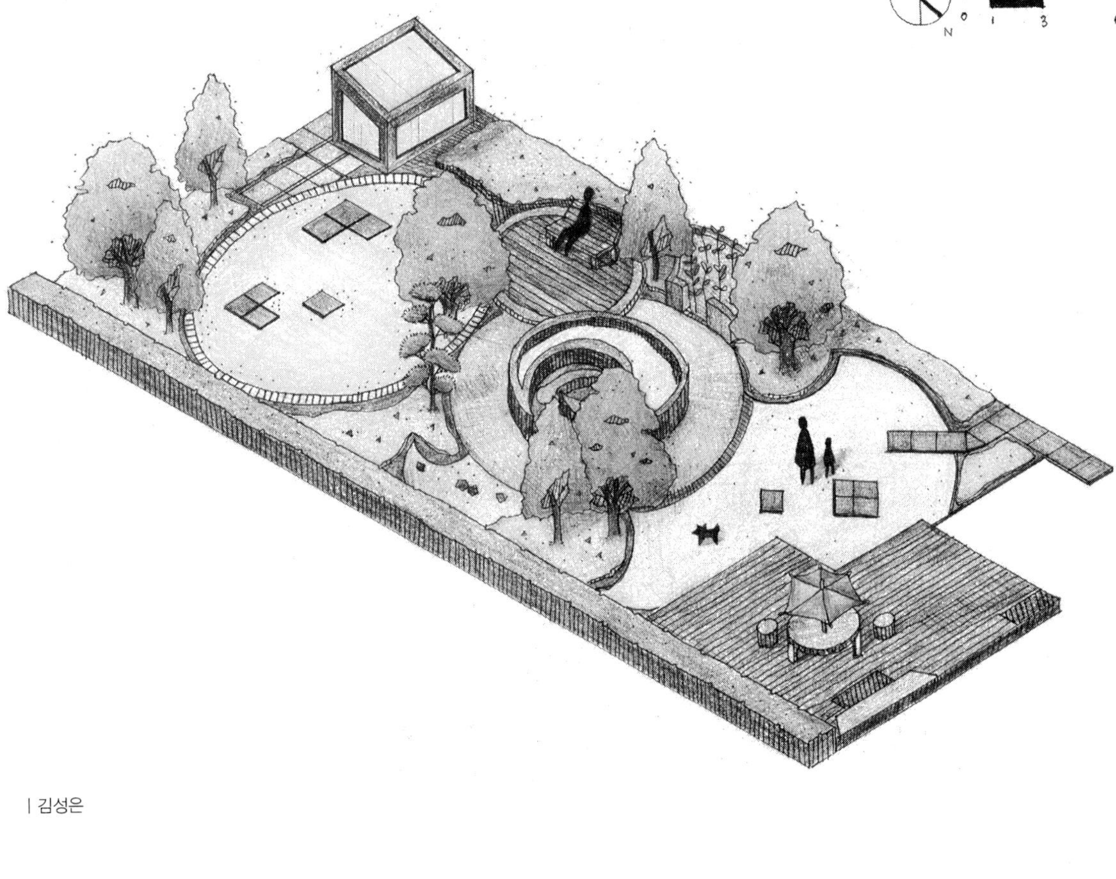

| 김성은

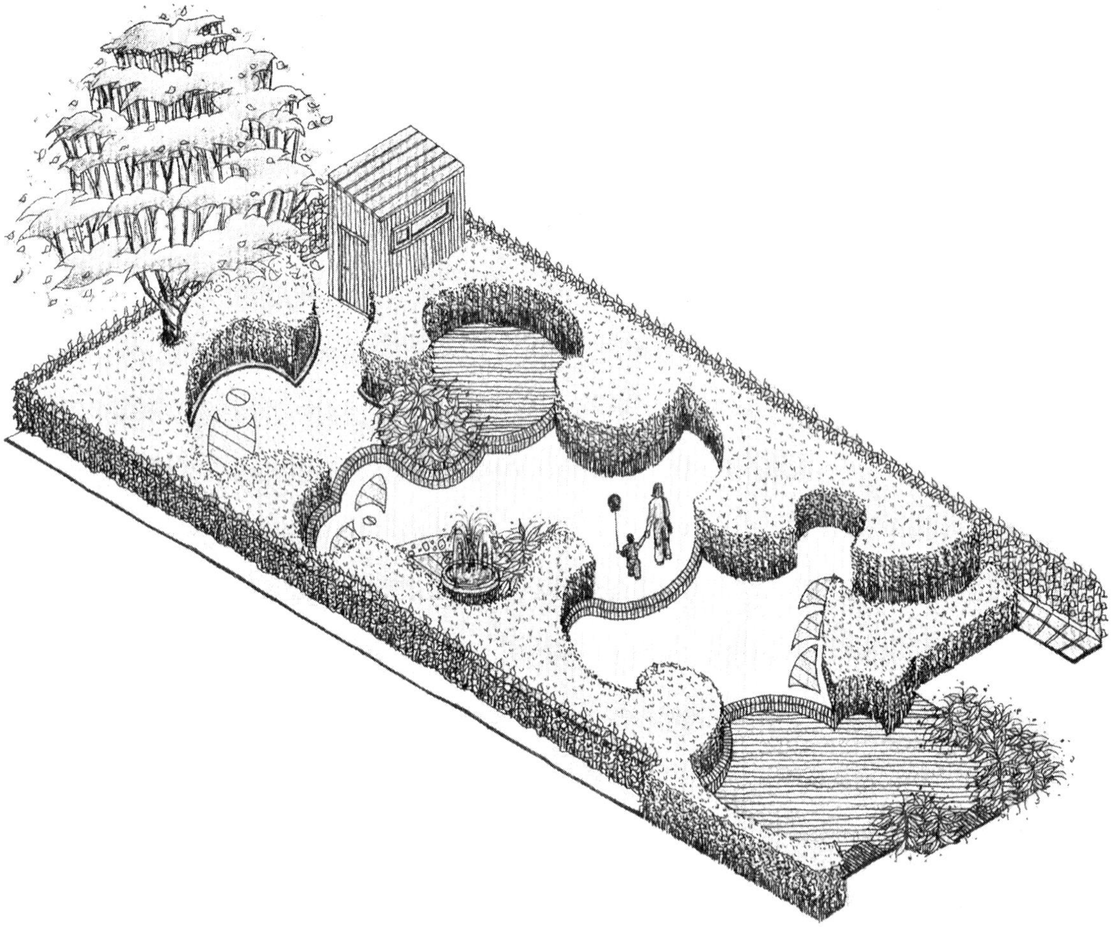

| 오혜진

06

LandscapeDesignGraphicLanguage

1소점 눈높이 투시도

One-Point Eye-Level Perspective

06 1소점 눈높이 투시도

1소점 눈높이 투시도는 디자인된 공간을 눈높이로 바라볼 때 펼쳐지는 경관의 모습을 묘사한다. 비교적 수월하게 그릴 수 있으나, 한 개의 소점(vanishing point:VP)을 활용해서 그리기 때문에 다소 대칭적이거나 정적인 그림이 될 수 있다. 보행자의 관점에서 바라보는 가로경관 등의 장면을 그리고자 할 때 흔히 사용되는 투시도이다.

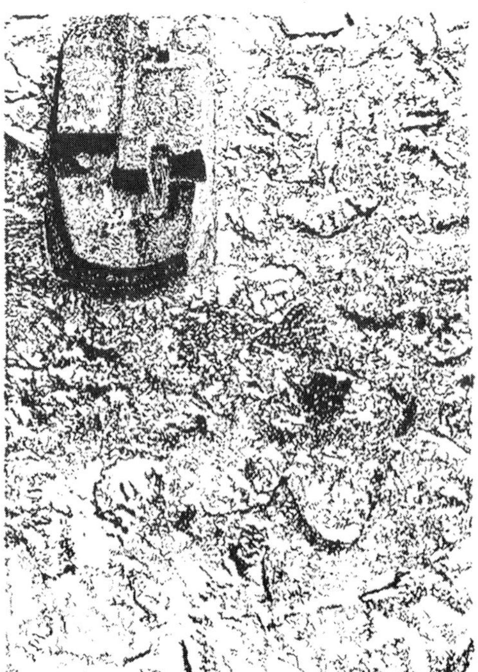

1소점 눈높이 투시도 예_1 | 김신원

1소점 눈높이 투시도 예_2 | 김신원

1소점 눈높이 투시도 예_3 | 김신원

다음은 디자인된 공간의 평면도를 가지고 1소점 눈높이 투시도를 그리는 방법이다.

먼저 평면도 위에 동일한 간격으로 그리드를 그린다. 이 평면도는 1소점 눈높이 투시도를 그리기 위해 나중에 사용될 것이다.

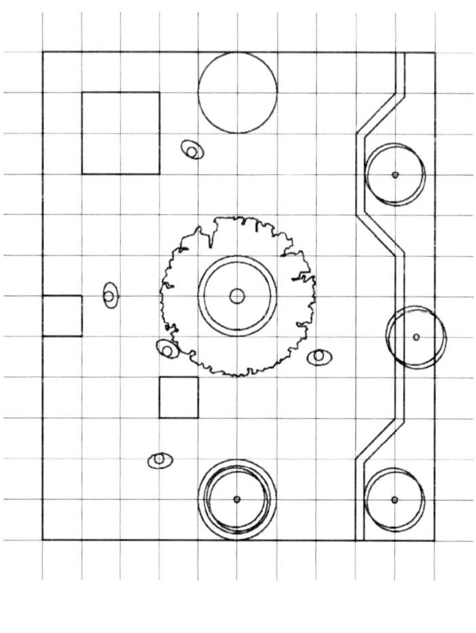

이제 트레이싱 페이퍼 위에 적당한 축척으로 화면(picture plane:PP)을 그리고, 그 테두리를 동일한 간격(예:50cm)으로 분할한다. 또한 눈높이, 즉 지면(ground plane:GP)에서 1.5m 위치에 수평선(horizon line:HL)을 그린다.

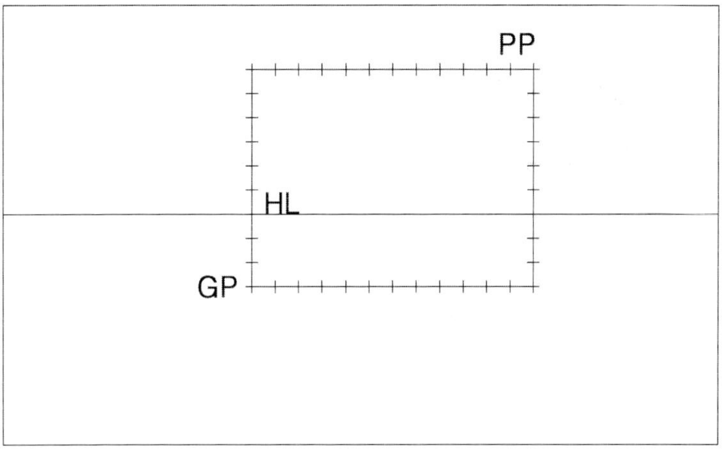

관찰자의 위치와 방향, 즉 정점(station point:SP)의 위치를 결정하여 이를 시각의 중심점 혹은 심점(center of view:C)으로 정한다. 이 점을 수평선 위에 표시한 것이 바로 1소점 눈높이 투시도를 그리기 위한 소점이 된다. 소점은 가능하면 보다 동적이고 비대칭적인 투시도를 그리기 위해 중심에서 벗어난 위치에 설정한다. 또한 소점에서 화면 테두리의 각 눈금을 지나는 방사선을 긋는다.

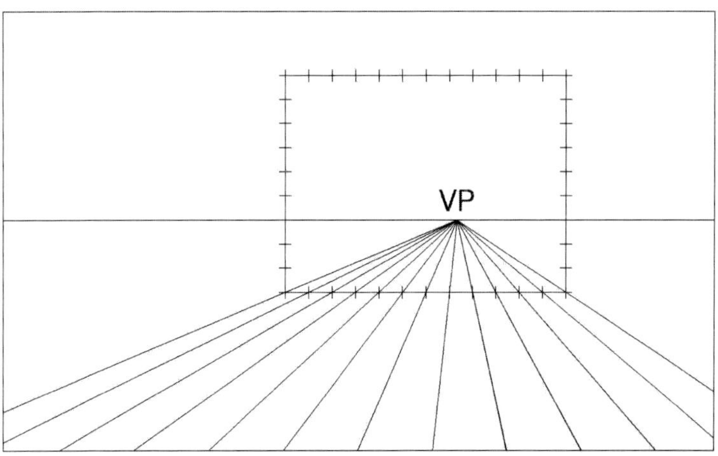

화면 밖의 오른쪽이나 왼쪽으로 수평선 위에 적당한 위치로 사점(diagonal point: DP)을 표시한다. 이 사점에서 화면의 기선(ground line:GL) 부분의 양쪽 모서리를 통과하는 선을 긋는다. 이 두 개의 선과 바닥면의 방사선이 교차하는 점을 기준으로 하여 수평선을 그려서 바닥면의 그리드를 완성한다.

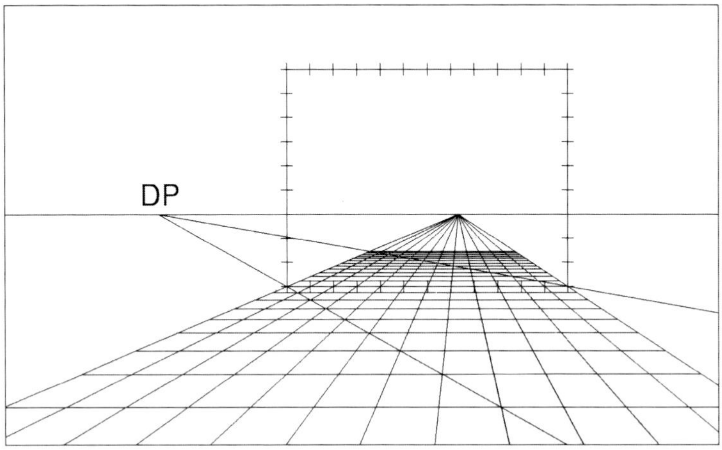

바닥면의 가장자리와 수평선이 만나는 점에서 수직선을 그어 양쪽 벽면의 그리드도 완성한다.

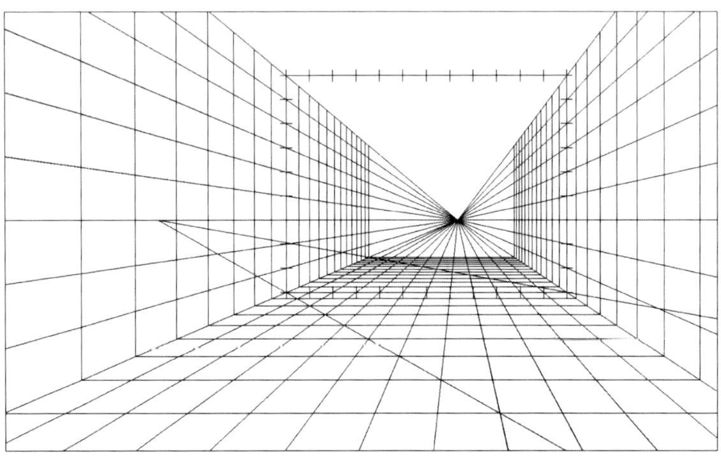

이제 평면도의 내용을 투시도의 바닥면 그리드에 옮겨 그린다. 각 구성요소를 그리드의 적합한 위치에 올바르게 배치한다. 각 요소의 높이는 소점을 이용하여 결정하면 된다.

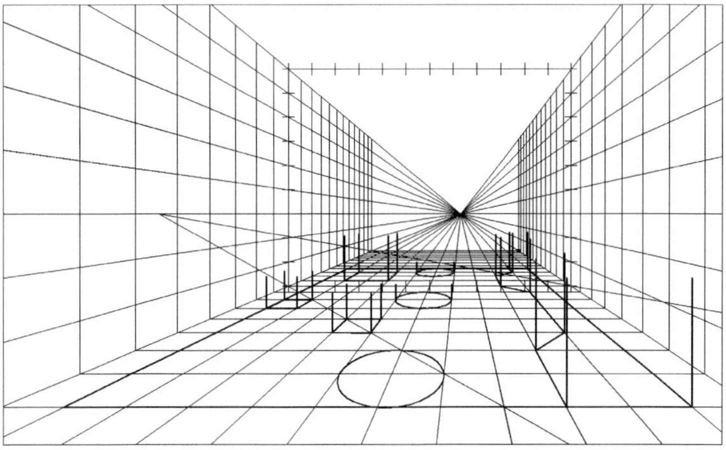

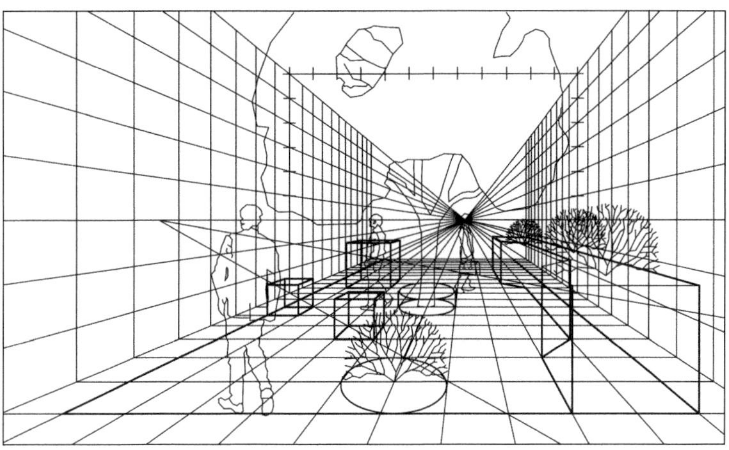

다음에 제시하는 그림들은 다양한 모습의 평면도와 1소점 눈높이 투시도를 보여준다.

| 김성은

| 김성은

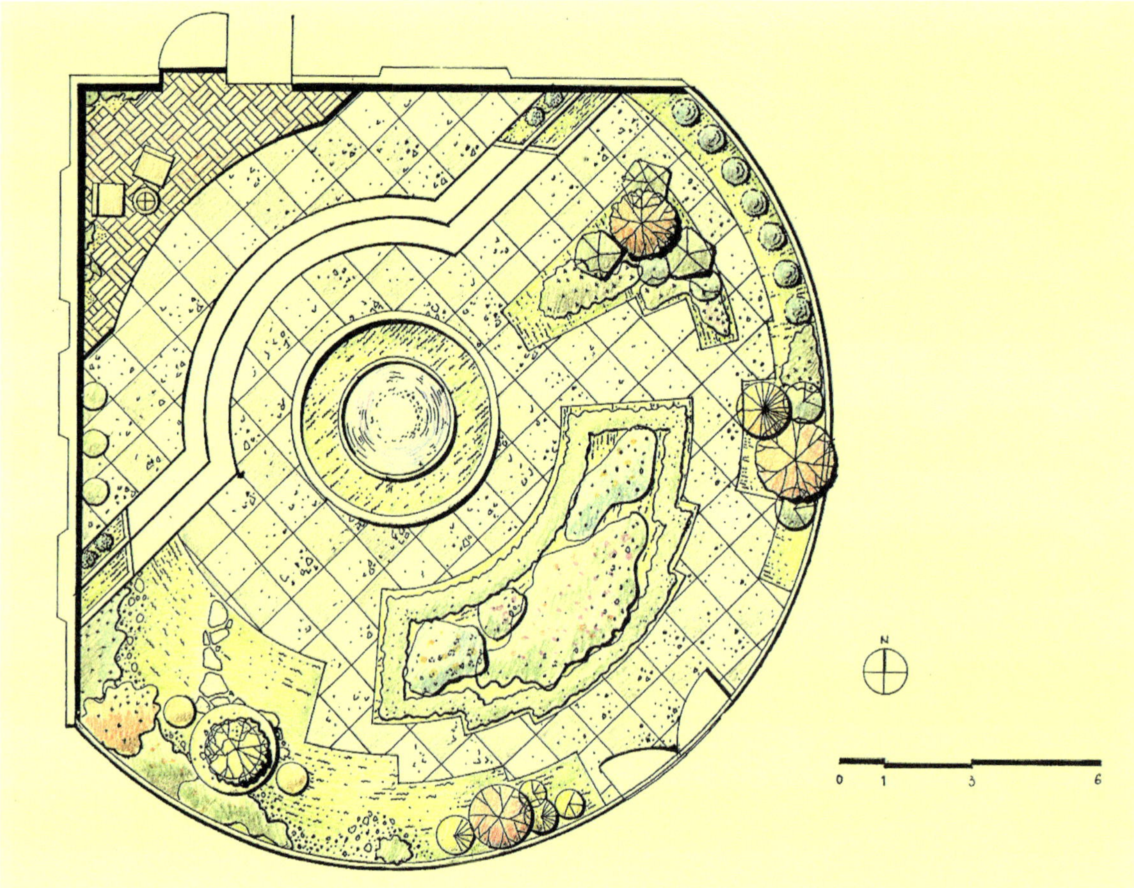

| 최미혜

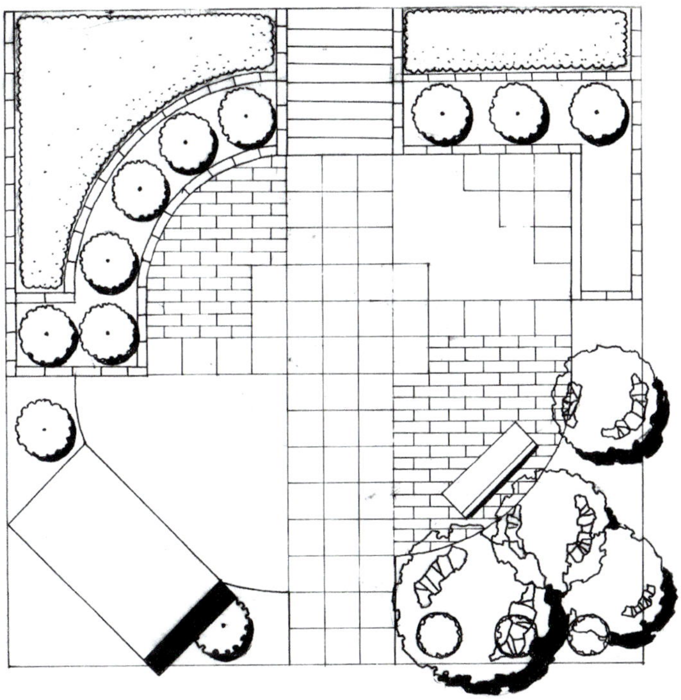

| 양이섭

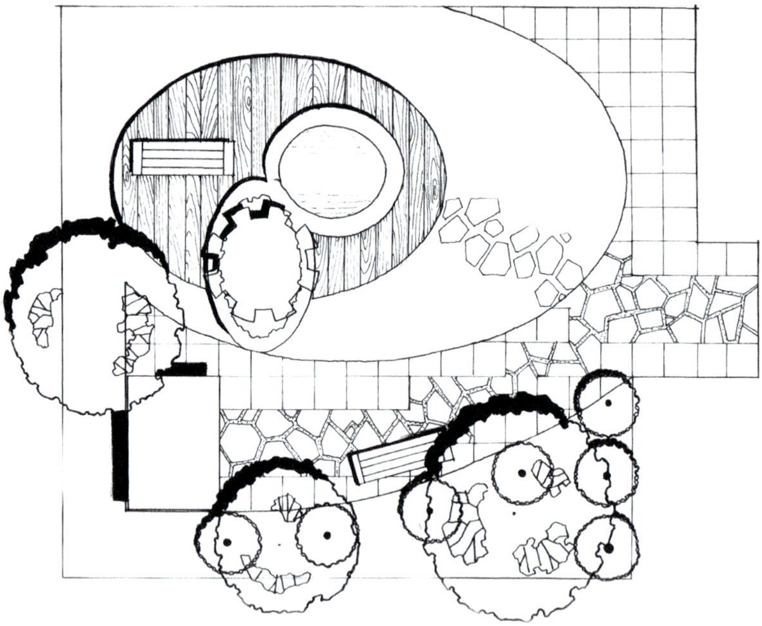

| 양이섭

| 문미영

| 문미영

| 손석범

| 승지현

| 신지영

| 허남춘

| 허남춘

| 허남춘

| 송군호

| 송군호

| 허남춘

| 허남춘

| 송군호

| 송군호

07

2소점 눈높이 투시도

Two-Point Eye-Level Perspective

07 2소점 눈높이 투시도

2소점 눈높이 투시도는 일반적으로 널리 사용되는 투시도로서, 디자인된 공간을 눈높이에서 바라볼 때 펼쳐지는 경관의 모습을 묘사한다. 1소점 눈높이 투시도와는 달리 두 개의 소점을 활용해서 그리기 때문에 대칭적이거나 정적이지 않고 활기 있고 자연스러운 느낌을 준다. 반복적인 연습을 통해 기법을 습득하고 나면 대부분의 상황에서 비교적 수월하게 그림을 그릴 수 있기 때문에, 옥외 공간의 모습을 현실감 있게 묘사하는 데 유용하게 활용할 수 있는 투시도이다.

2소점 눈높이 투시도 예_1
| 김신원

2소점 눈높이 투시도 예_2 | 김신원

2소점 눈높이 투시도 예_3 | 김신원

다음은 디자인된 공간의 평면도를 가지고 2소점 눈높이 투시도를 그리는 방법이다.

먼저 평면도 위에 동일한 간격으로 그리드를 만든다. 이 평면도는 2소점 눈높이 투시도를 그리기 위해 나중에 사용된다.

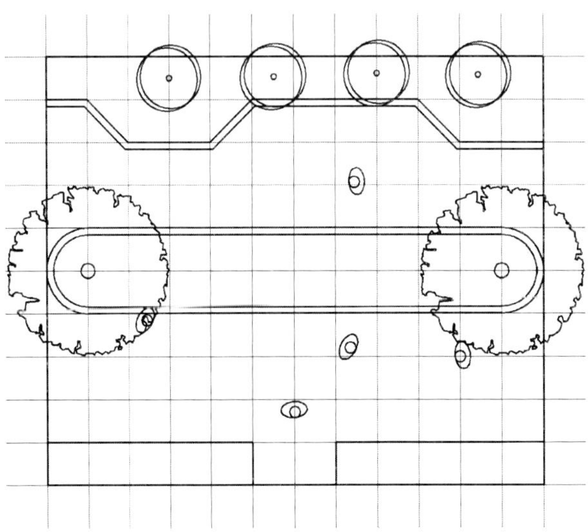

이제 투시도를 그리기 위한 준비 작업으로서, 트레이싱 페이퍼 위에 그림과 같이 적당한 크기의 사각형과 화면(PP)을 그린다. 여기에서의 그림은 평면도 상으로 본 그림의 개념을 나타낸다. 즉, 평면도 상으로 나타낸 공간의 배치 개념을 그림으로 보여주는 것이다. 이때 사각형의 한쪽 모서리를 화면과 접하게 하고, 사각형의 양쪽 변과 화면이 일정한 각도를 이루도록 한다. 예를 들어 한쪽은 60°, 다른 한쪽은 30°를 이루도록 배치하는 것이다.

다음, 적당한 위치에 관찰자의 위치와 방향을 나타내는 정점(SP)을 정하고 심점(C)을 설정하는 한편, 정점에서 사각형의 양쪽 변과 평행하게 선을 그어 화면과 만나는 점을 구한다. 이 두 점이 투시도를 그리기 위한 좌소점(vanishing point left: VPL)과 우소점(vanishing point right: VPR)이 된다. 또한 좌소점을 중심으로 하여, 좌소점과 정점 사이의 거리를 반지름으로 하는 원호를 그려 화면과 만나는 점을 구하고 이를 우측점(measuring point right: MPR)으로 삼는다.

마찬가지 방법으로 이번에는 우소점을 중심으로 하여, 우소점과 정점 사이의 거리를 반지름으로 하는 원호를 그려 화면과 만나는 점을 구하고 이를 좌측점(measuring point left: MPL)으로 삼는다.

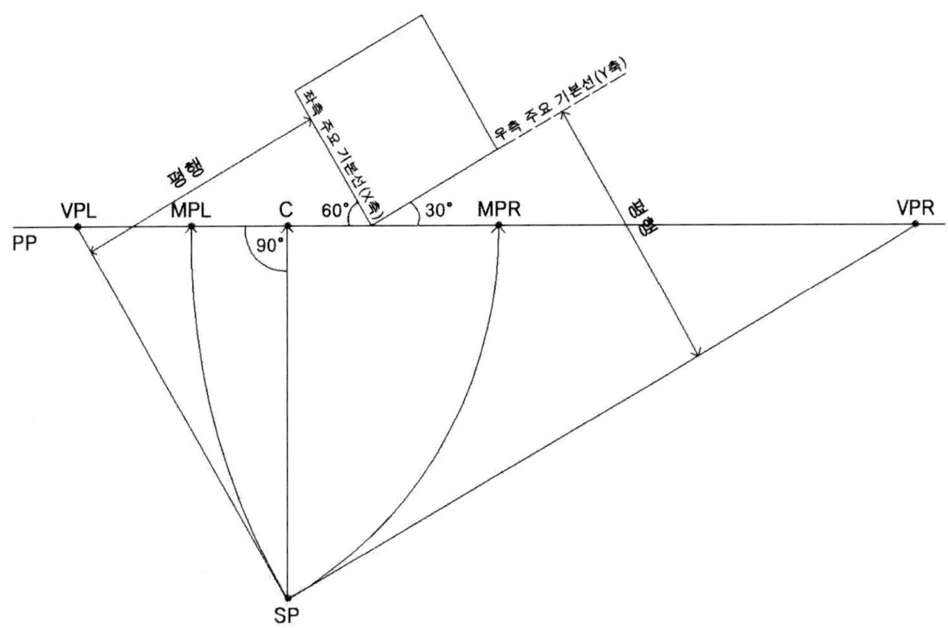

이제 또 다른 트레이싱 페이퍼 위에 적당한 축척으로 수평선(HL)을 그리고, 이 수평선 위에 이전 단계에서 설정된 점들, 즉 좌소점(VPL), 우소점(VPR), 좌측점(MPL), 우측점(MPR), 심점(C), 그리고 사각형의 한쪽 모서리와 화면이 접하는 점을 표시한다. 이 수평선 아래로 1.5m 위치에 또 다른 수평선을 그리고 기선(ground line:GL)으로 삼으며, 이미 표시된 사각형의 한쪽 모서리와 화면이 접하는 점을 통과하는 수직선을 그어 수직측선(vertical measuring line:VML)으로 삼는다.
또한 이상의 기선과 수직측선을 동일한 간격(예:50cm)으로 분할한다.

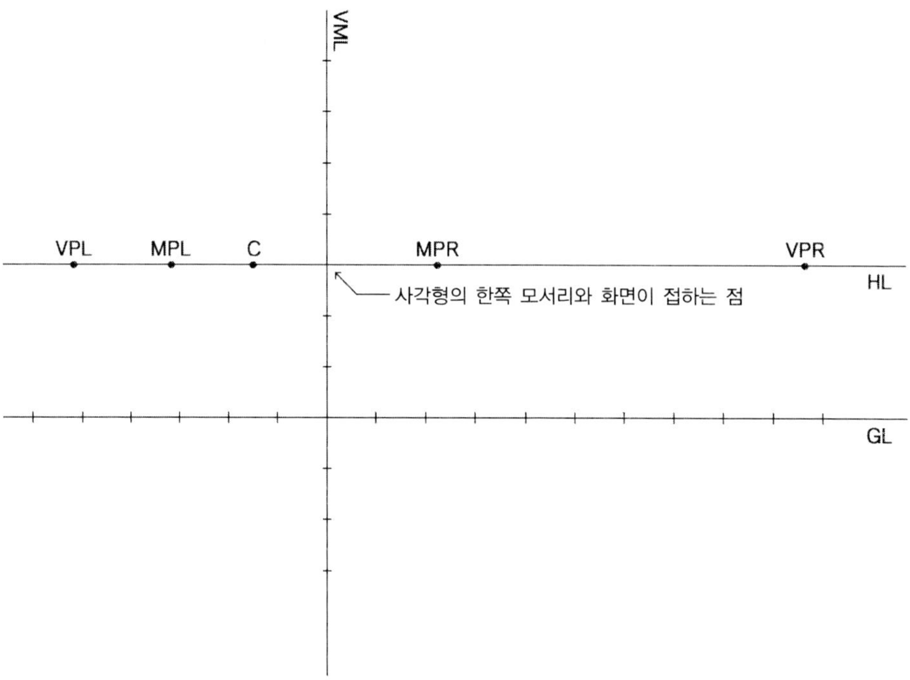

좌소점(VPL)과 우소점(VPR)에서 기선(GL)과 수직측선(VML)이 교차하는 점을 통과하는 직선을 그린다. 이 두 선이 투시도에서의 좌측 주요 기본선(major baseline left: X axis)과 우측 주요 기본선(major baseline right: Y axis)이 된다.
다음, 좌측점(MPL)과 우측점(MPR)에서 기선의 각 눈금을 지나는 선을 긋는다. 이 때 기선 위의 각 눈금은 투시도의 바닥면 그리드를 만드는 데 기준이 되는 주요 기본선 X축과 Y축 상의 눈금을 결정하기 위해 필요하다. 좌측 주요 기본선인 X축 상의 눈금을 결정하기 위해 우측점을 사용하고, 우측 주요 기본선인 Y축 상의 눈금을 결정하기 위해 좌측점을 사용하면 된다.

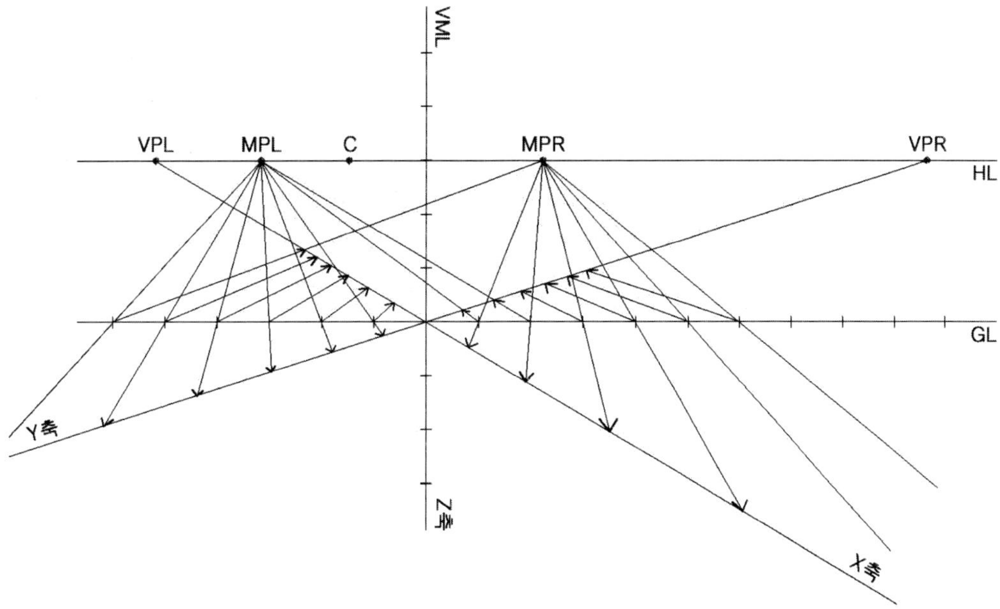

좌소점(VPL)과 우소점(VPR)에서 주요 기본선인 X축과 Y축 상에 설정된 각 눈금을 연결하여 바닥면의 그리드를 완성한다. 또한 수직측선(VML) 상에 설정된 각 눈금과도 연결하여 벽체면의 그리드를 완성한다.

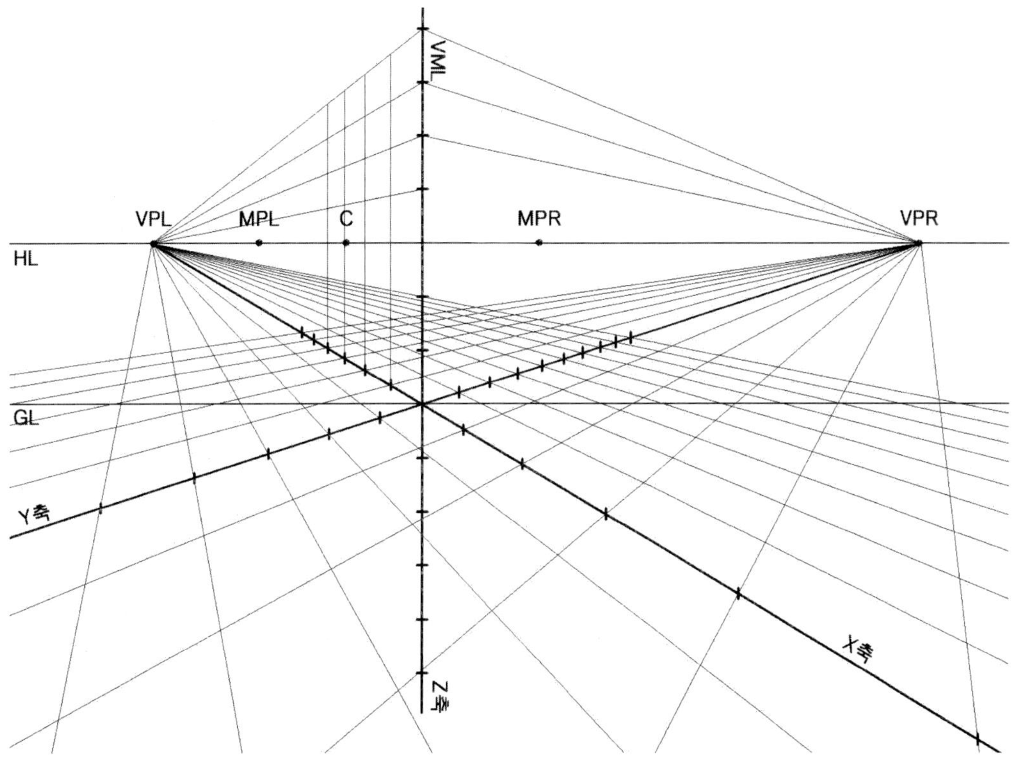

이제 평면도의 내용을 투시도의 바닥면 그리드에 옮겨 그린다. 정점(SP)의 위치 및 높이, 화면(PP)의 위치, 정점과 물체간의 거리, 물체간의 관계, 관찰자의 시각(angle of view) 및 시야(cone of vision) 등을 고려하여 각 구성요소를 그리드의 적합한 위치에 올바르게 배치한다. 각 요소의 높이는 좌소점(VPL)과 우소점(VPR) 그리고 수직축선(VML)인 Z축 상의 눈금을 함께 이용하여 결정하면 된다. 투시도를 그릴 때는 그림의 전체적인 모양과 균형을 고려하면서 그려 나간다.

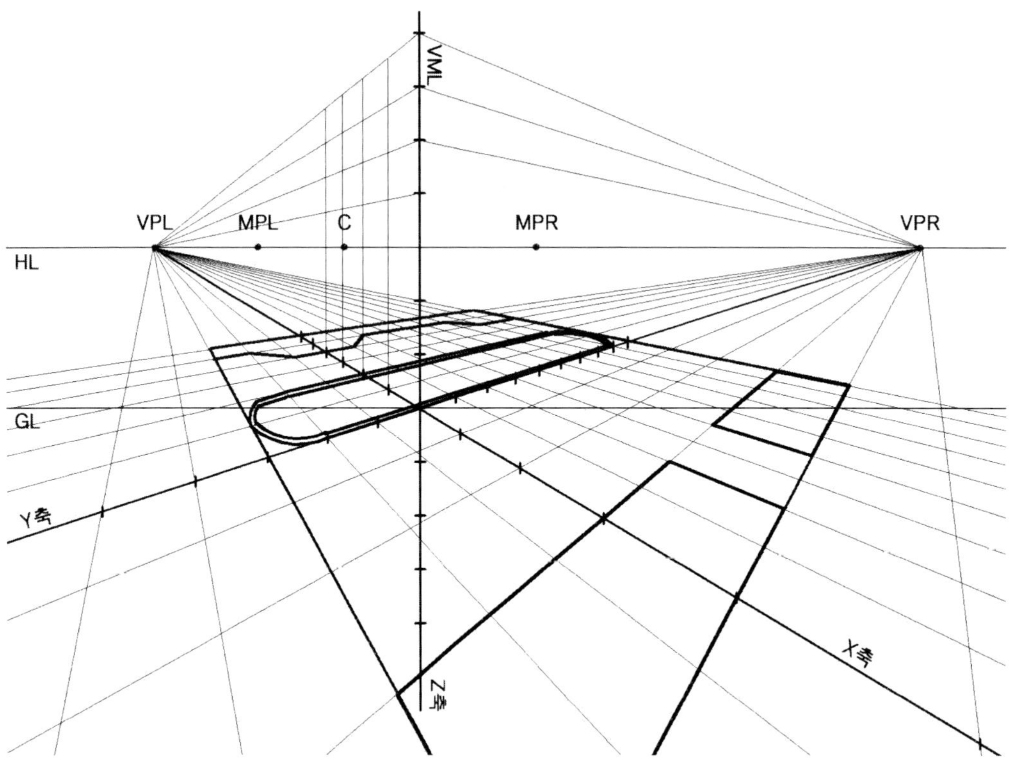

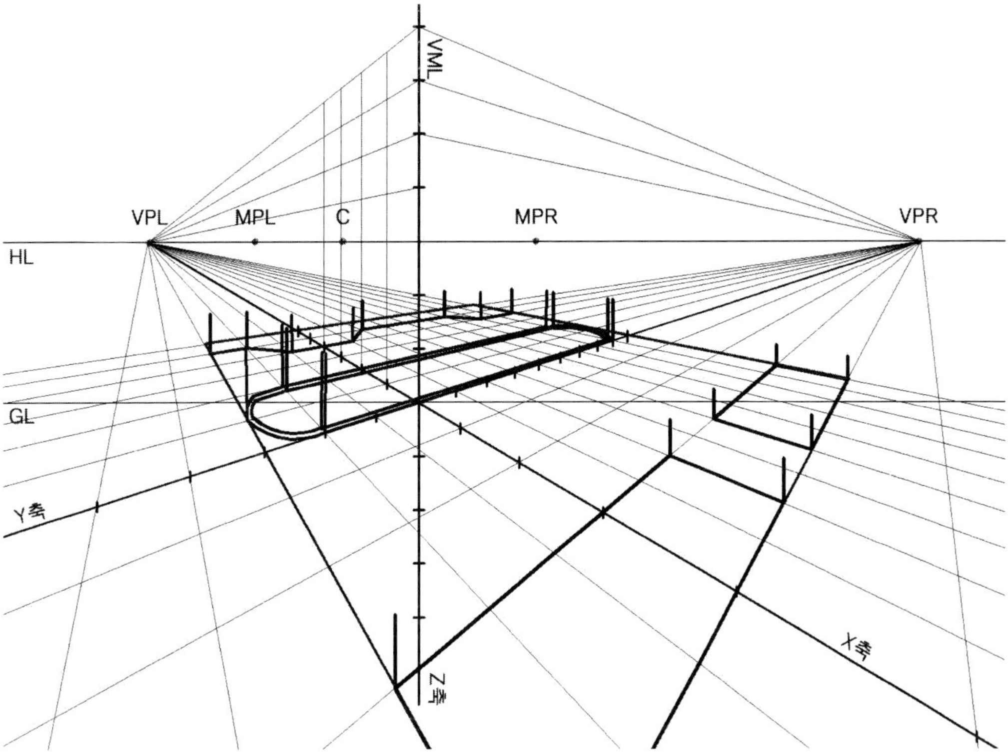
VML
VPL
MPL
C
MPR
VPR
HL
GL
Y축
X축
Z축

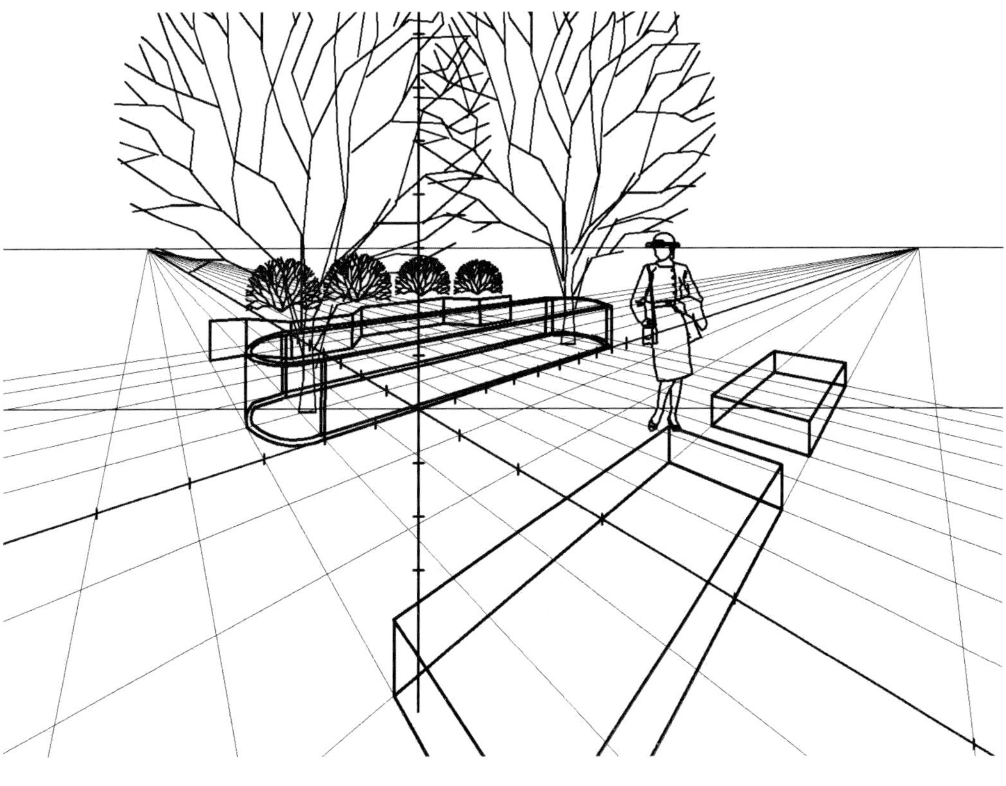

다음에 제시하는 그림들은 다양한 그래픽 기법으로 표현된 평면도와 2소점 눈높이 투시도를 보여준다.

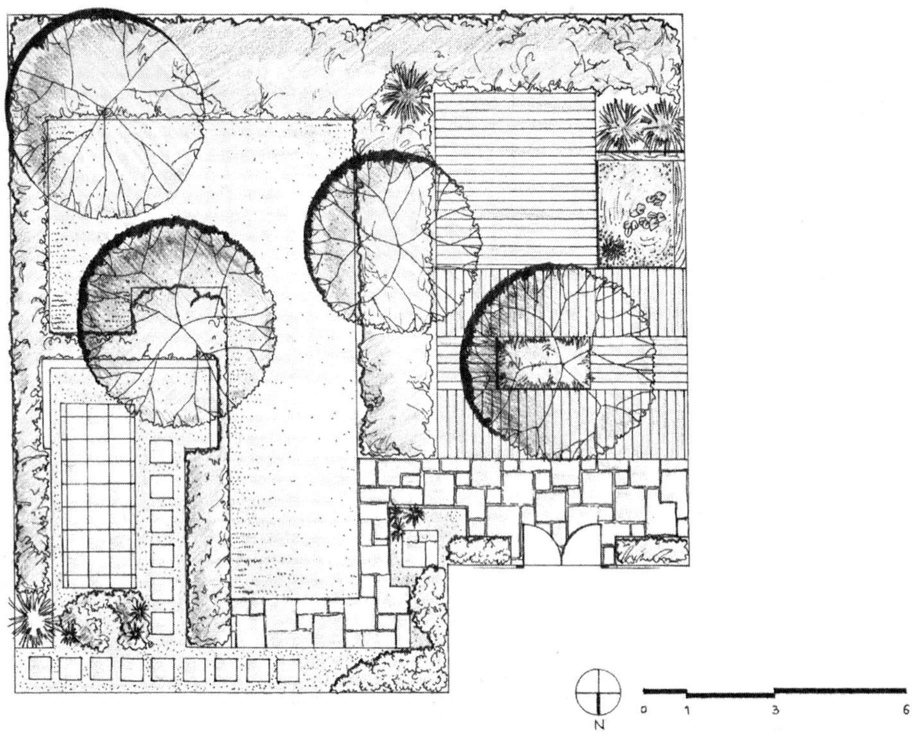

| 최미혜

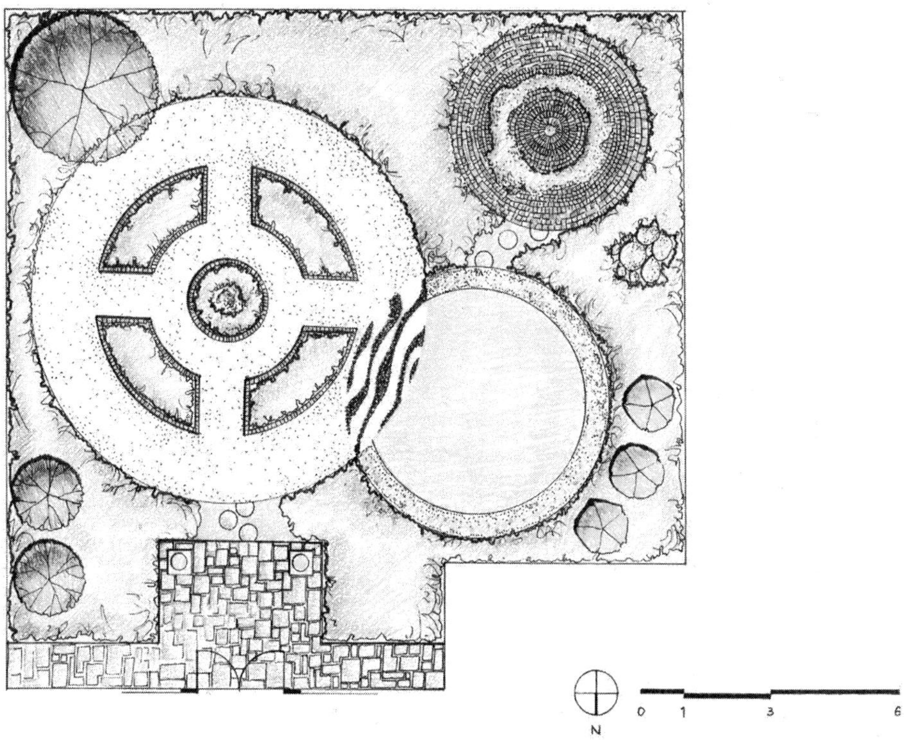

| 최미혜

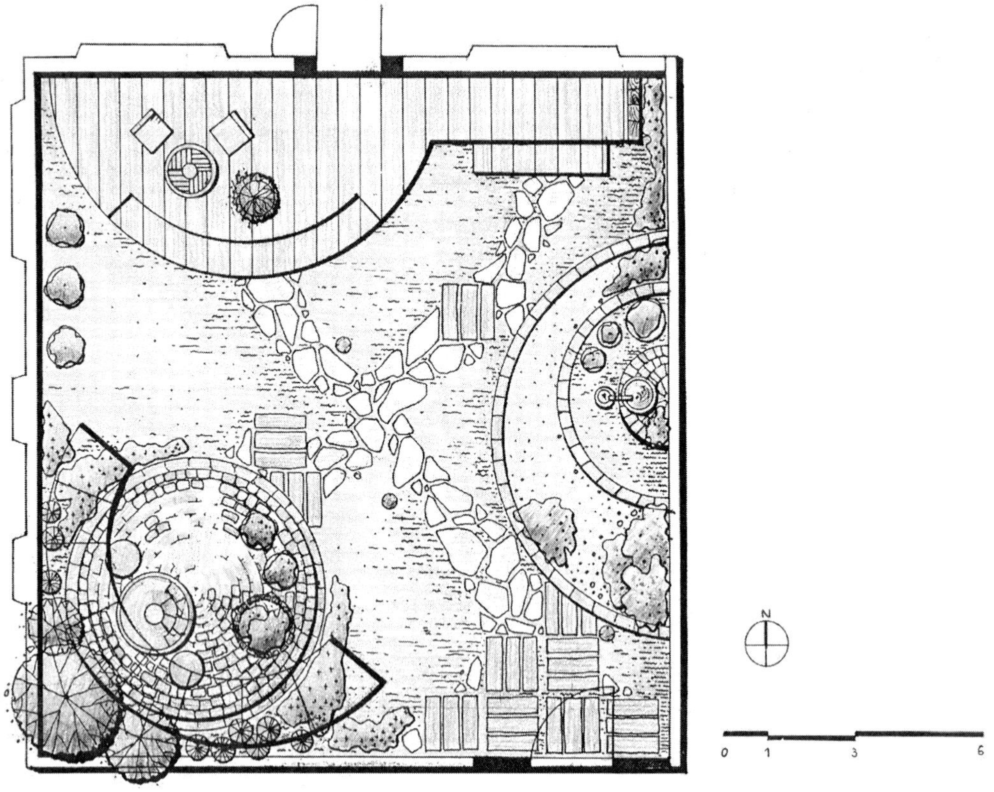

| 최미혜

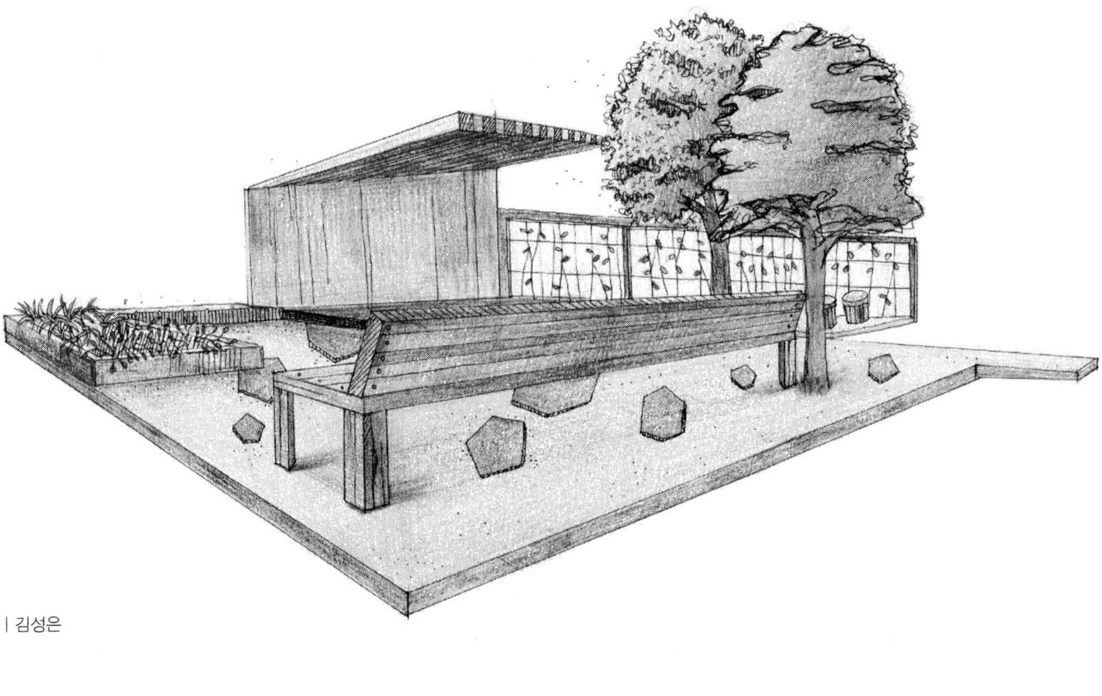

| 김성은

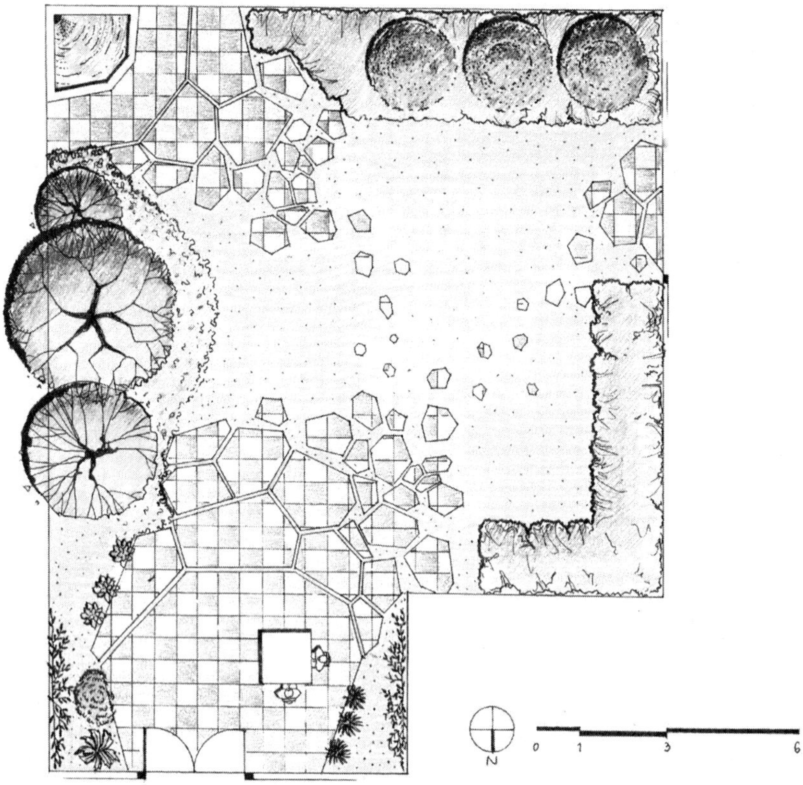

| 최미혜

| 김성은

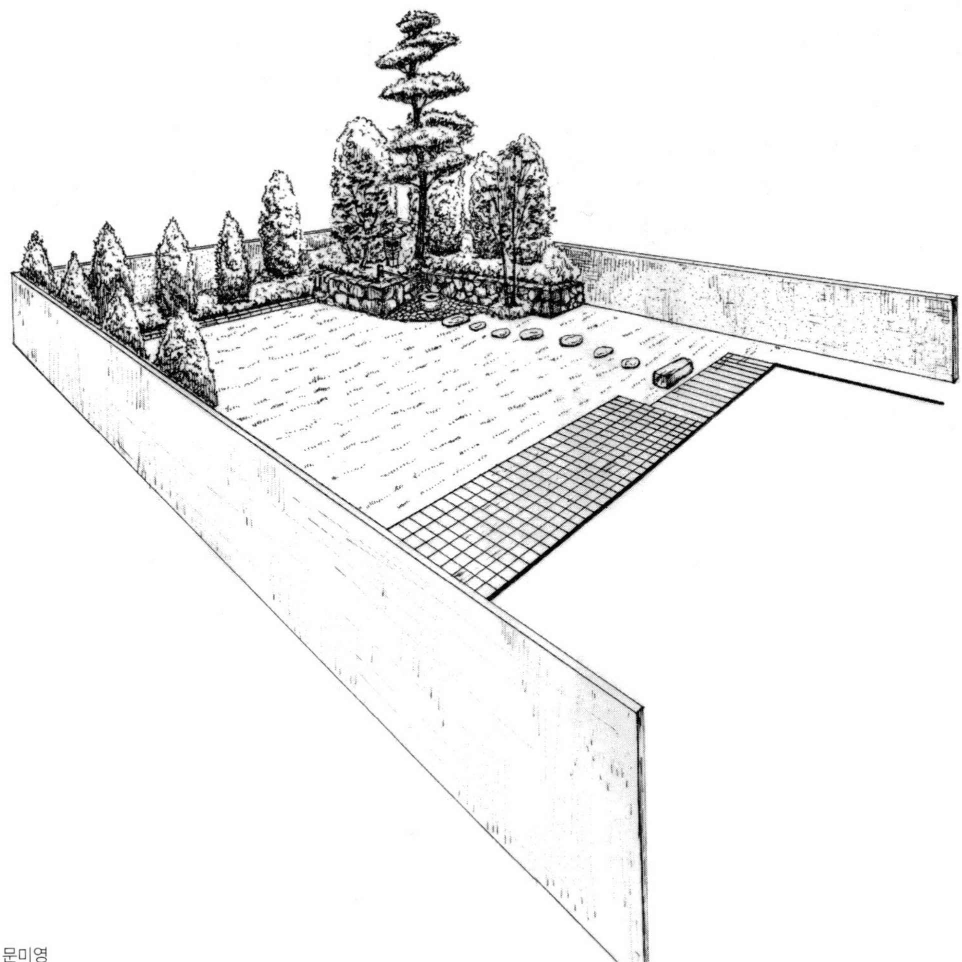

| 문미영

| 문미영

| 허남춘

| 허남춘

08

L a n d s c a p e D e s i g n G r a p h i c L a n g u a g e

1소점 조감도

One-Point Bird's-Eye View

08 1소점 조감도

1소점 조감도는 디자인된 공간을 높은 위치에서 내려다 볼 때 펼쳐지는 경관의 모습을 묘사한다. 비교적 신속하고 수월하게 그릴 수 있으나, 1소점 눈높이 투시도와 마찬가지로 한 개의 소점을 가지고 그림을 그리기 때문에 다소 대칭적이거나 정적인 그림

1소점 조감도 예 | 문미영

이 될 수 있다. 이러한 약점에도 불구하고 1소점 조감도는 상대방에게 공간의 모습을 간단하고 수월하게 이해하도록 하는 데 유용한 그림이다. 특히 공간의 전경을 한눈에 바라볼 수 있도록 활용하기에 좋은 그림이다.

다음은 디자인된 공간의 평면도를 가지고 1소점 조감도를 그리는 방법이다.

먼저 평면도 위에 동일한 간격으로 그리드를 그린다. 이 평면도는 1소점 조감도를 그리기 위해 나중에 사용될 것이다.

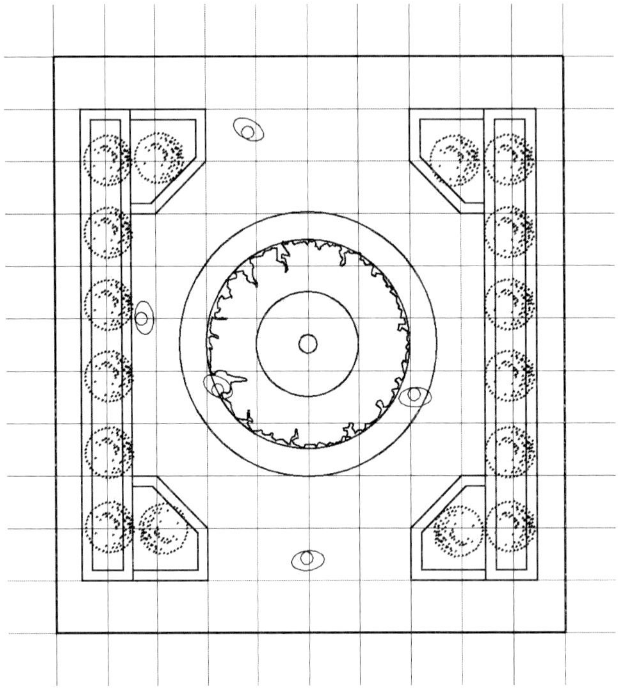

이제 트레이싱 페이퍼 위에 수평선(HL)을 그리고 이를 기선(GL)으로 정한다. 또한 기선 위 적당한 위치에 정점(SP)을 잡는다. 정점을 잡을 때는 가능하면 보다 동적이고 비대칭적인 그림을 그리기 위해 중심에서 벗어난 위치에 정점을 정한다. 이 정점에서 수직선을 긋고, 임의의 높이에 심점(C)을 설정하여 이를 소점(VP)으로 삼는다.

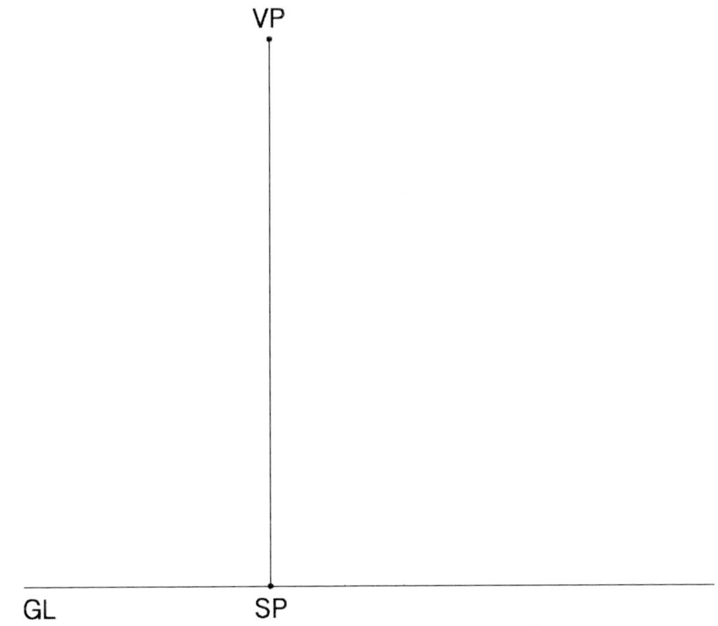

기선을 평면도에 그린 그리드의 수에 맞춰 동일한 간격으로 분할한 뒤, 소점에서 기선의 각 눈금을 연결하는 방사선을 긋는다. 또한 적당한 높이로 기선과 평행되는 또 다른 수평선을 그린다.

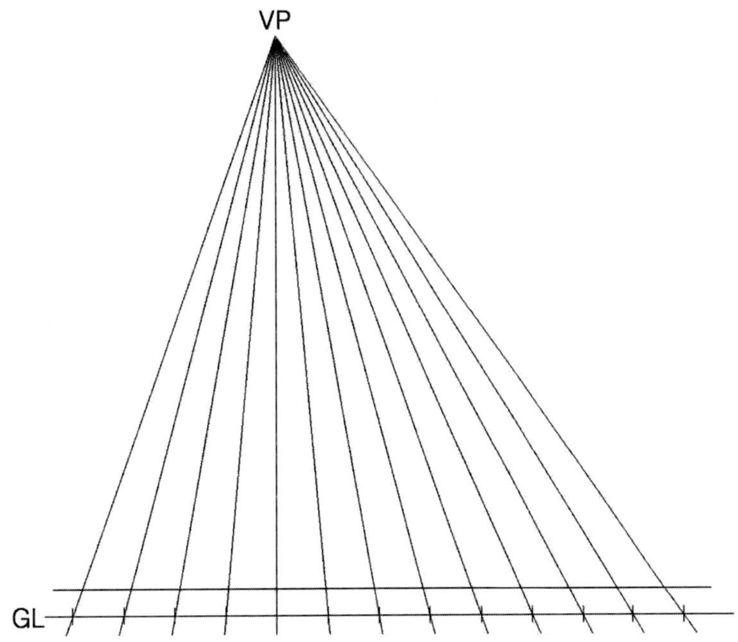

기선과 또 다른 수평선에 의해 이루어지는 그리드 가운데, 왼쪽 끝이나 오른쪽 끝에 있는 하나의 그리드를 골라서 대각선을 구하고 이것을 연장해서 선을 긋는다. 이 대각선의 연장선과 방사선이 교차하는 점을 기준으로 하여 수평선을 그려서 바닥면의 그리드를 완성한다.

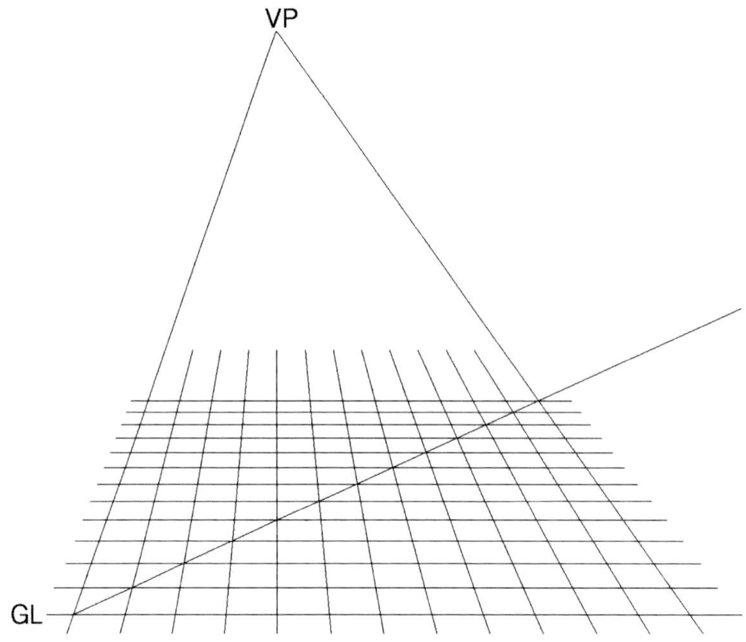

이제 평면도의 내용을 조감도의 바닥면 그리드에 옮겨 그린다. 각 구성요소를 그리드의 적합한 위치에 올바르게 배치한다. 소점을 이용하여 각 요소의 높이를 정하고, 그림의 전체적인 균형을 고려하면서 조감도를 그려 나간다.

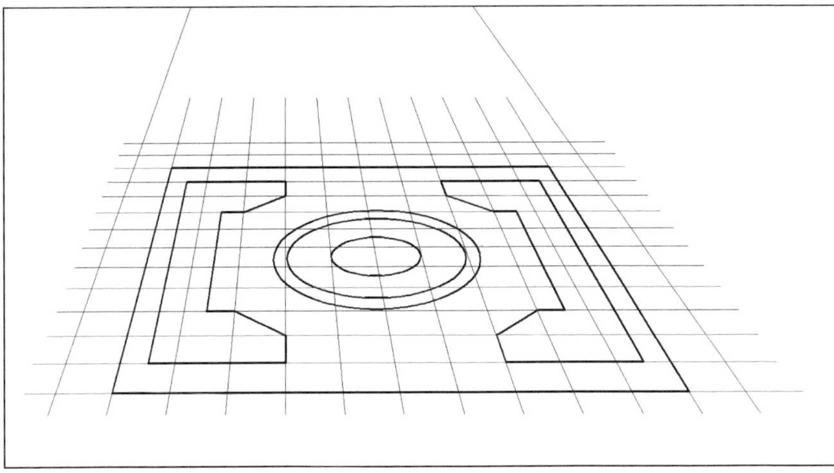

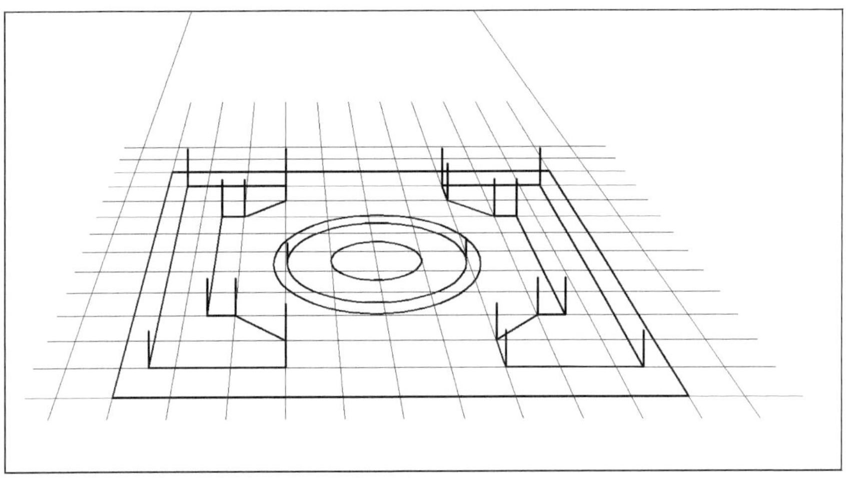

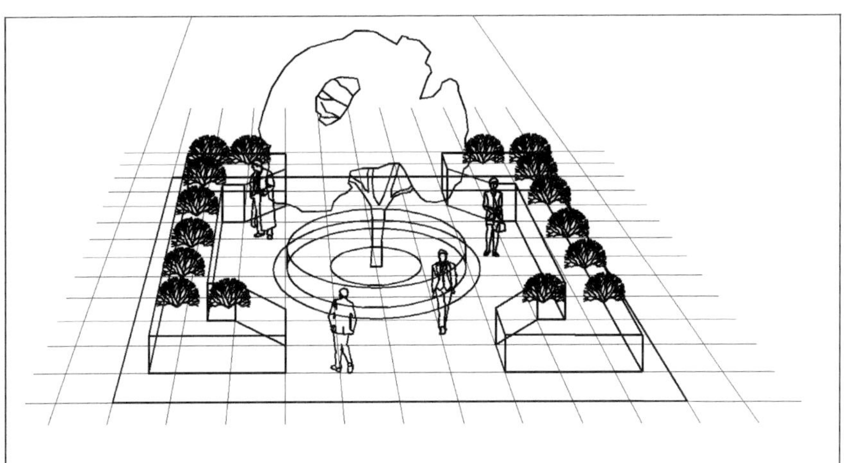

다음의 그림들은 1소점 조감도를 보여준다. 각각의 그림에서 다양한 그래픽 기법으로 표현된 평면도와 1소점 조감도의 모습을 볼 수 있다.

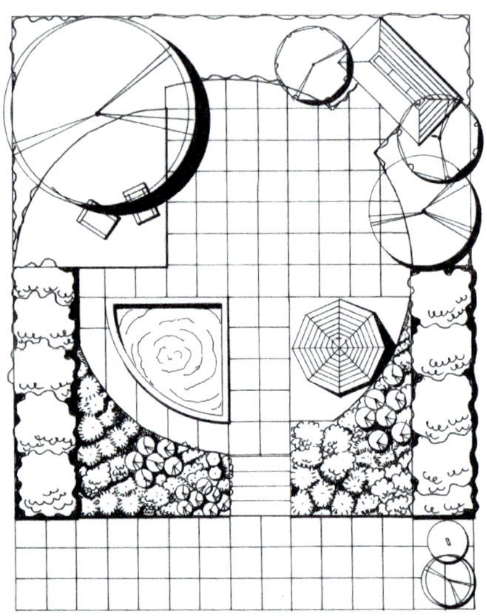

| 이기영

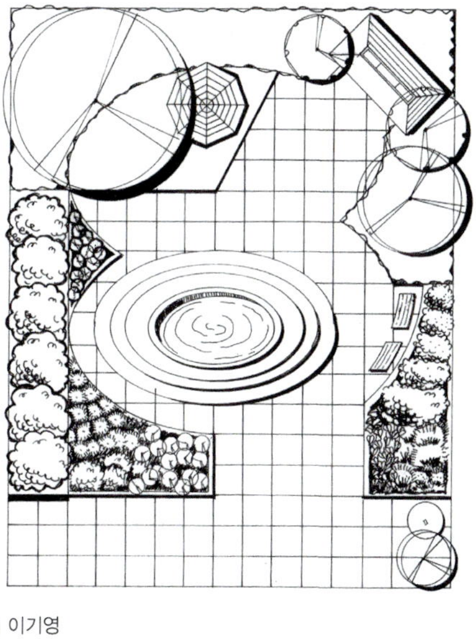

| 이기영

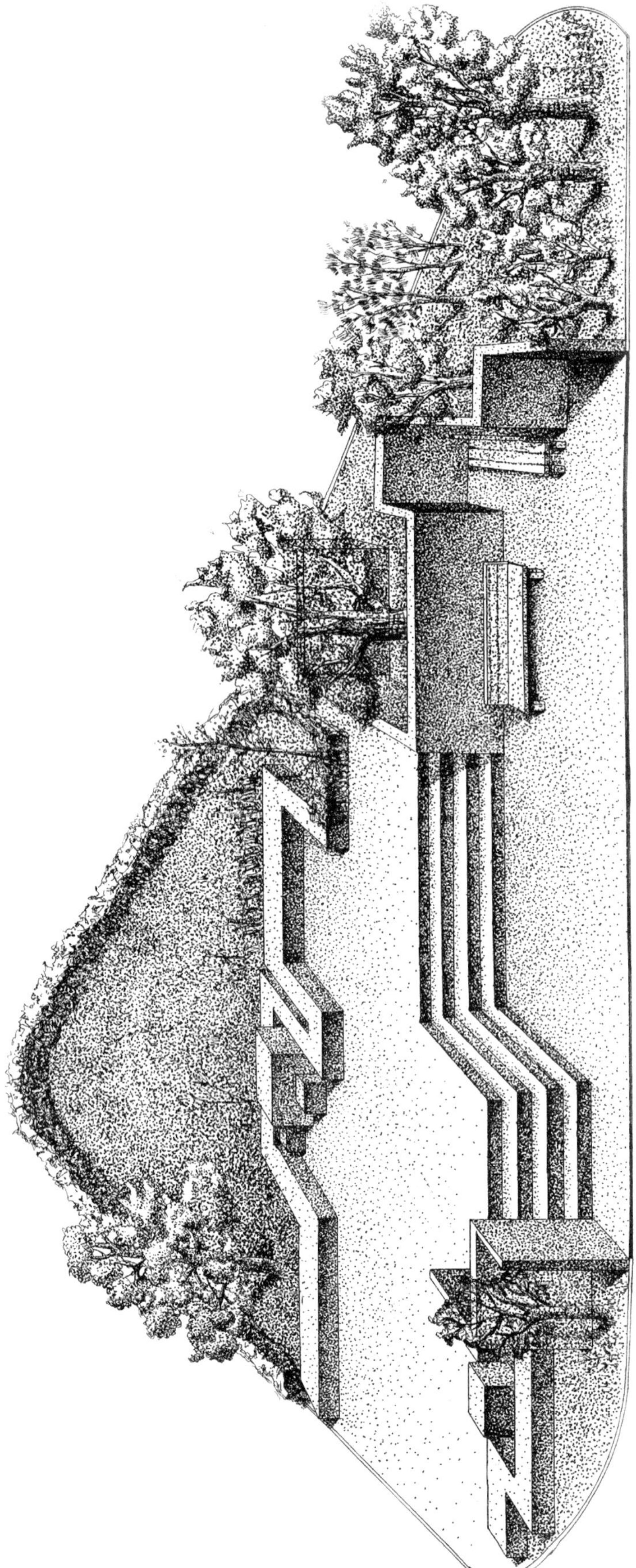

| 홍혜원

| 강태순

| 강태순

| 강태순

09

L a n d s c a p e D e s i g n G r a p h i c L a n g u a g e

2소점 조감도

Two-Point Bird's-Eye View

09 2소점 조감도

2소점 조감도는 디자인된 공간을 높은 위치에서 내려다 볼 때 펼쳐지는 경관의 모습을 묘사한다. 대규모의 단지나 건물군 혹은 도시공간과 같이 넓은 대지의 전체적인 경관을 위에서 내려다 볼 경우에 사용되는 그림이다. 비교적 규모가 큰 경관의 모습을 시각적인 변형이나 왜곡현상을 최소화하며 자연스러운 분위기의 그림으로 비교적 빠른 시간 안에 그리고자 할 때 적합한 조감도이다. 또한 1소점 조감도와는 달리 두 개의 소점을 가지고 그림을 그리기 때문에 활기 있고 동적인 그림이 될 수 있다.

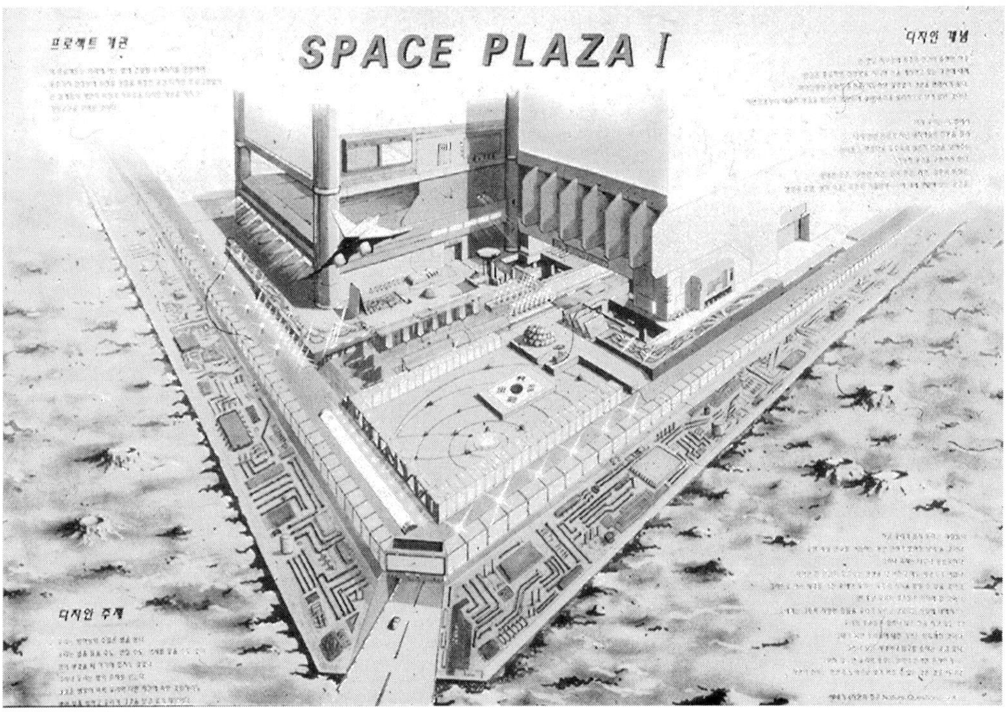

2소점 조감도 예 | 송군호

다음은 디자인된 공간의 평면도를 가지고 2소점 조감도를 그리는 방법이다.

먼저 평면도 위에 동일한 간격으로 그리드를 긋는다. 이 평면도는 2소점 조감도를 그리기 위해 나중에 사용된다.

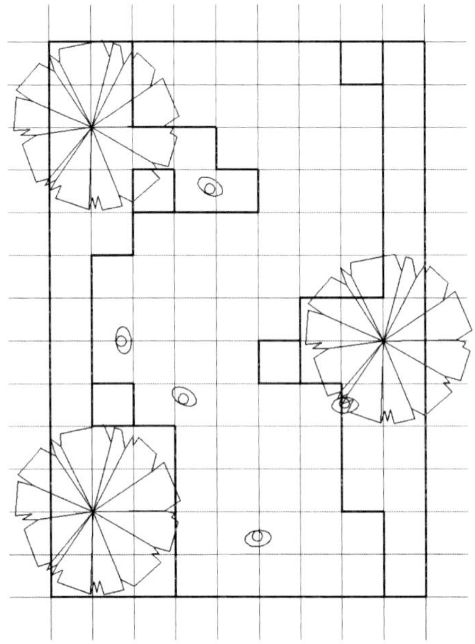

이제 트레이싱 페이퍼 위에 조감도로 그릴 대지의 형상을 임의대로 결정하고 공간의 경계를 구획한다.

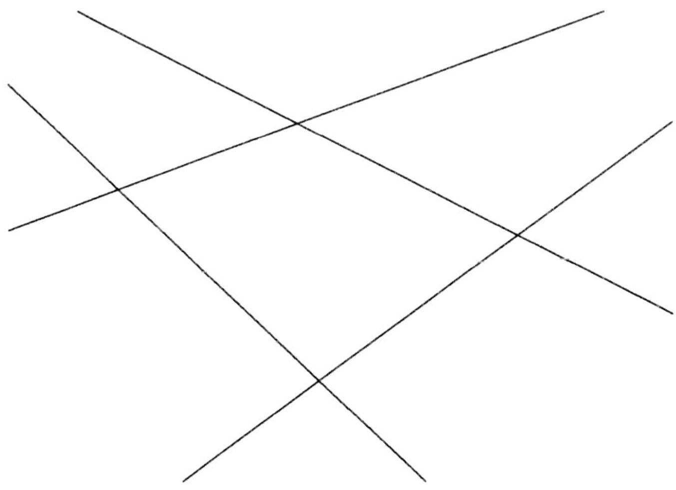

그림과 같이 경계선을 연장하고, 대지의 형상 위와 아래로 적당한 위치에 수평선을 긋는다. 연장선과 수평선이 만나 이루어지는 선의 구간을 평면도에 그린 그리드의 수에 맞춰 동일한 간격으로 분할한다. 또한 분할된 각각의 해당되는 눈금을 서로 연결해서 바닥면의 그리드를 완성한다.

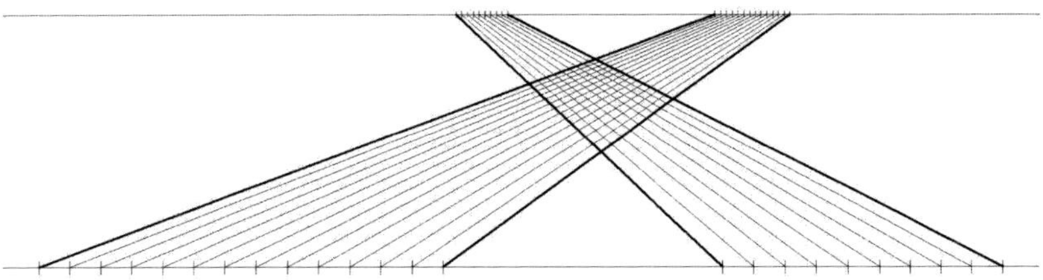

이제 평면도의 내용을 조감도의 바닥면 그리드에 옮겨 그린다. 각 구성요소를 그리드의 해당되는 위치에 올바르게 배치한다. 왼쪽과 오른쪽 윗부분 두 곳에서 연장선이 교차하여 이루어지는 점을 소점(VP)으로 정하고, 이 두 개의 소점을 이용하여 각 요소의 높이를 결정한다. 조감도를 그릴 때는 그림의 전체적인 모양과 균형을 고려하면서 그려 나간다.

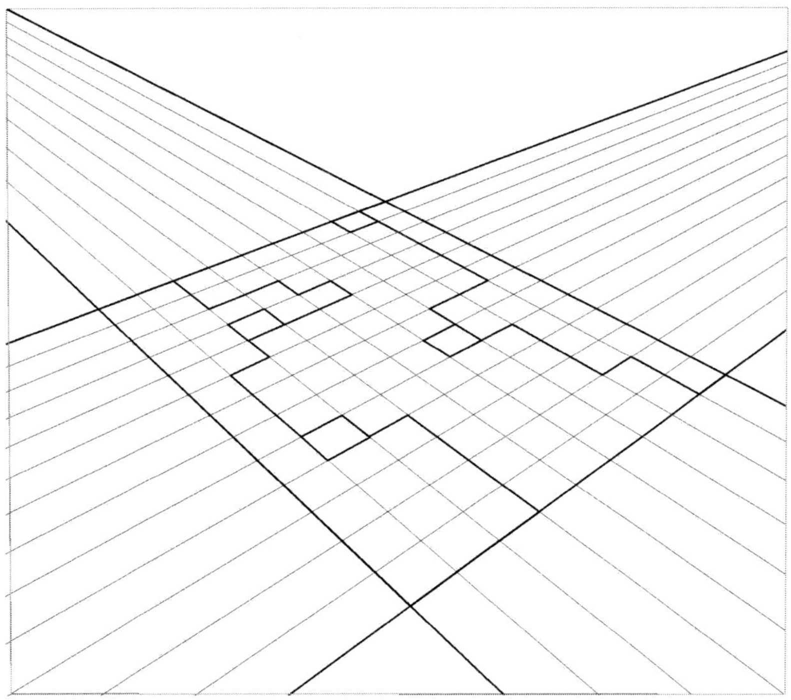

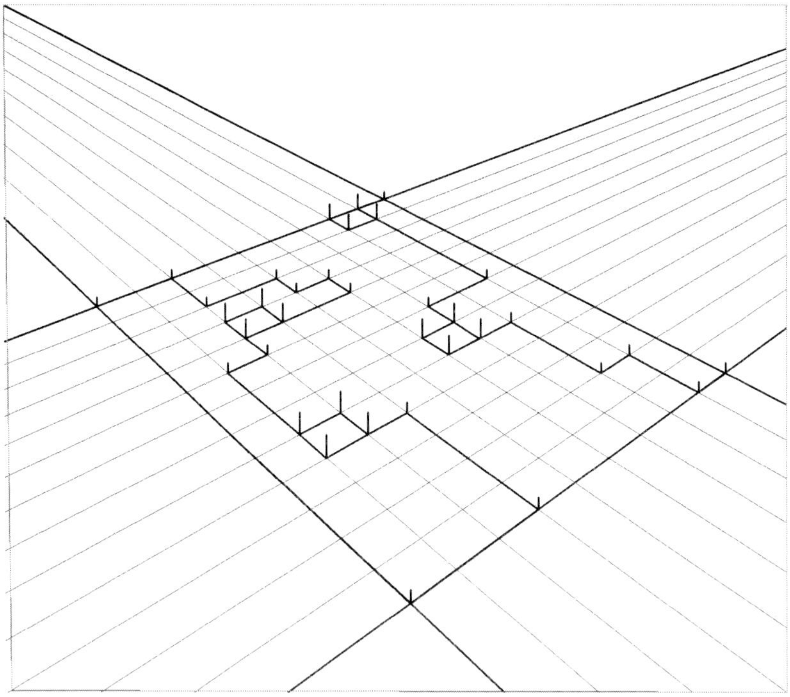

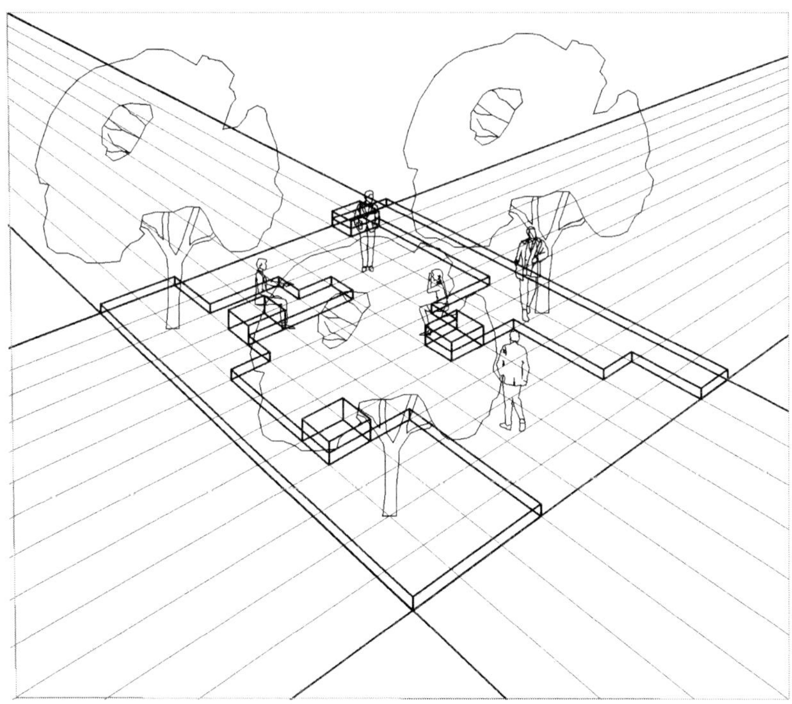

다음의 그림들은 여러 가지 그래픽 기법에 의해 그려진 평면도와 2소점 조감도이다.

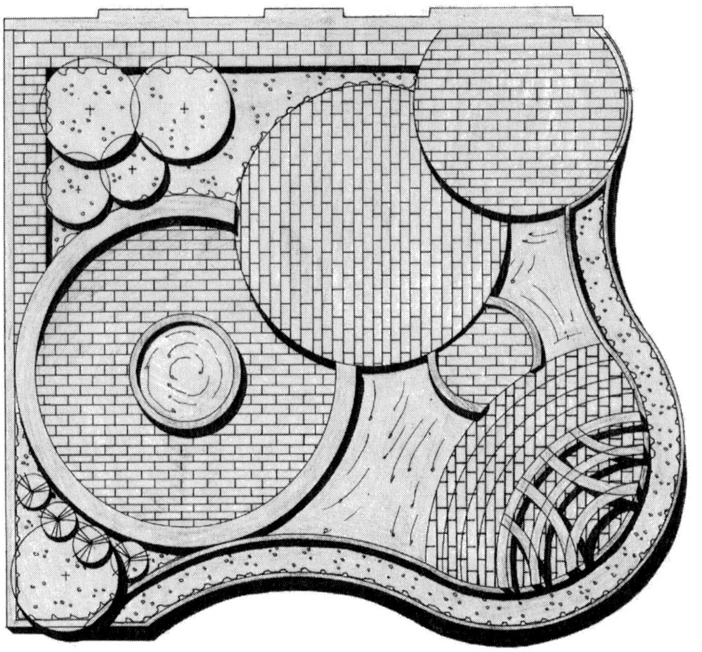

| 오혜진

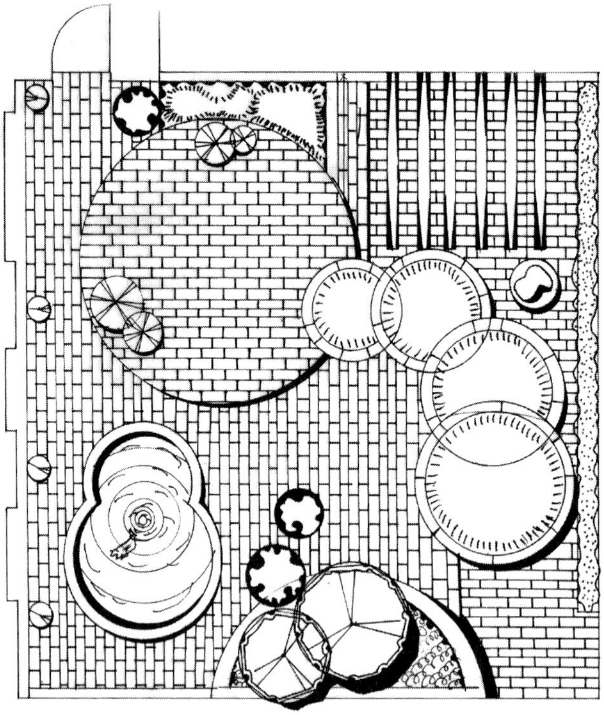

| 이기영

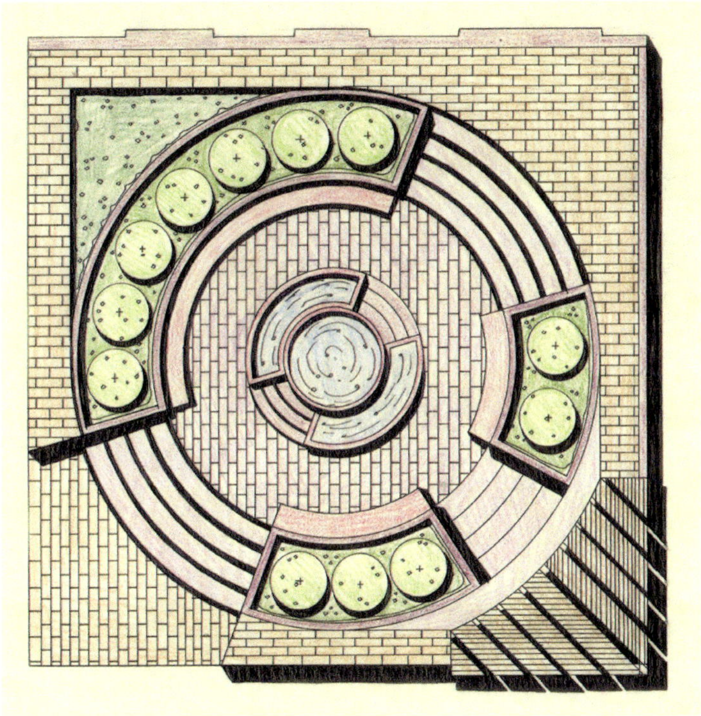

| 오혜진

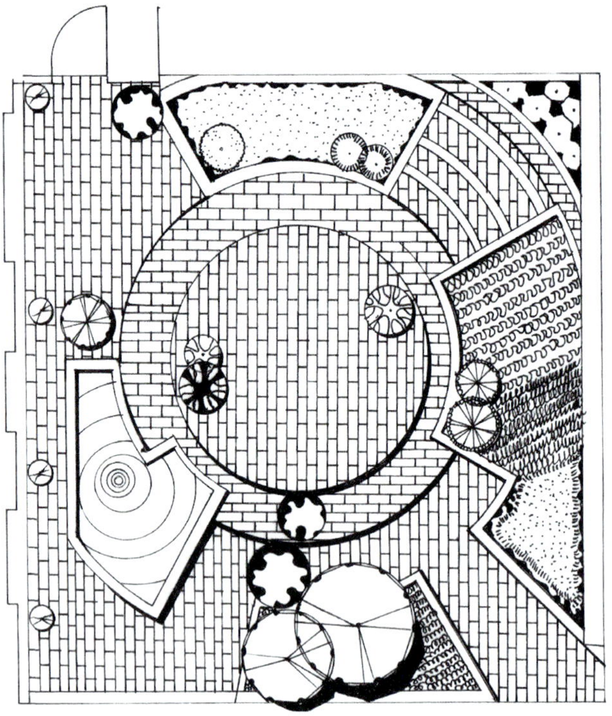

| 이기영

| 오혜진

| 곽인경

| 최미혜

| 송군호

10

L a n d s c a p e D e s i g n G r a p h i c L a n g u a g e

모 형

Model

10 모 형

모형은 디자인된 공간을 적당한 축척으로 축소하여 3차원적인 물리적 모습으로 표현한다. 디자인 아이디어와 관련된 내용, 즉 의도, 맥락, 공간구성 및 체계, 구성요소 사이의 관계 및 조합, 해결방안 등을 담는 최종적인 공간의 모습을 상대방에게 입체적으로 제시하는 데 매우 효과적이다.

모형을 제작하는 데 사용되는 재료는 아주 다양하다.
창조적인 아이디어를 가지고 재료를 활용할 수 있다면 실로 모형을 위한 재료는 무궁무진하다.

모형 예 | 이충기, 박태석, 고화정, 조명연

다음은 모형을 만드는 데 활용할 수 있는 재료들이다.

보드지(cardboard), 판지(chipboard), 마분지, 착색한 두꺼운 종이, 프린트된 컬러 시트(color sheet), 나뭇결이 가로로 난 집성재를 심재로 사용한 합판(blockboard), 코르크(cork), 베니어판(plywood), 압착섬유로 만든 판자 비슷한 섬유판(fiberboard), 건재 · 방수 · 방열용 섬유판인 메이소나이트(Masonite), 플라스틱, 나일론 스타킹, 타이츠(tights), 신문지, 밀가루 풀, 발사(balsa) 재료, 연한 목재, 불투명 혹은 투명한 아크릴(acrylic)과 아세테이트(acetate) 시트, 소상용 점토(Plasticine), 철사, 절연 케이블, 플라스틱이나 종이로 만든 스트로(straw), 아이스캔디 막대(Popsicle stick), 이쑤시개, 유리섬유로 만든 종이(glass paper), 금강사로 만든 사지(砂紙 ; emery paper), 금박 혹은 은박으로 씌운 종이, 각종 포장지, 탁구공, 풍선, 대팻밥, 톱밥, 건조된 콩, 강철솜, 발포성 합성수지의 일종인 스티로폼(styrofoam), 해면 모양의 고무로서 쿠션 · 매트리스용의 기포 고무(foam rubber), 스펀지, 화장용지(tissue paper), 화장지(toilet paper), 항장력이 강한 피아노선, 염색한 지의류(地衣類), 가루로 만든 잔디.

다음은 대지의 모형을 제작하는 방법이다.

먼저 판지나 합판 등으로 만든 단단히 고정된 대판 위에 착색한 두꺼운 종이, 스티로폼, 코르크 혹은 메이소나이트 등을 이용하여 등고선으로 표현된 지형을 만든다. 필요하다면 유제 페인트(emulsion paint)를 엷게 칠하거나 소석고(plaster of Paris) 혹은 수성 충전제로 등고선의 턱을 메워 지형의 선을 매끄럽게 만든다.
모형을 사실적으로 표현하기 위해 표면에 색을 칠하거나 컬러 스프레이를 뿜는다. 또는 가루로 만든 잔디를 뿌릴 수도 있다. 수목이나 나뭇잎은 강철솜, 스펀지, 탁구공, 종이, 작은 가지, 대팻밥, 달걀 껍데기 혹은 염색한 지의류 등으로 표현한다. 이것들은 성냥, 못, 이쑤시개 혹은 핀 등으로 고정한다. 건물은 나무토막, 스티로폼, 소상용 점토, 보드지, 혹은 각설탕이나 토스트(toast)로도 표현할 수 있다.
물을 표현하고자 한다면 알루미늄 호일, 거울 유리, 아크릴이나 아세테이트 시트, 혹은 드라이 트랜스퍼 컬러 필름(dry-transfer color film) 등을 활용할 수 있다. 또한 발사 재료로 사람이나 자동차 모양을 만들어 배치하면 모형에 생동감을 주고 스케일감을 부여한다.

대지 모형 제작법 및 재료 예시

출처 | Porter and Greenstreet(1980) p.100, Porter and Goodman(1983) p.114

특별히 대지의 모형을 만들 때, 컬러 스프레이를 사용하여 지형을 효과적으로 표현하는 방법은 다음과 같다.

❶ 먼저 종이 위에 연필이나 펜으로 대지의 등고선을 그린다. 이때 등고선이 그려진 평면도가 준비되었다면 이를 복사해 활용하면 된다.

❷ 다음, 수목이나 건물 등의 요소들을 칼로 오려낸다. 정확성을 요구한다면 외과용 메스(scalpel)와 같이 예리한 칼을 사용한다. 이제 적당한 색채의 에어로솔(aerosol) 컬러 스프레이를 종이 전체에 가볍게 뿌린 후 말린다.

❸ 가장 높은 등고선 부분을 칼로 오려내고 접착제(adhesive)를 사용하여 모형의 해당 위치에 올려놓는다. 다시 컬러 스프레이를 남은 종이 위에 뿌리고 말린다.

❹ 다음 높이의 등고선 부분을 칼로 오려낸 후 모형의 해당 위치에 올려놓는다. 각 높이의 등고선 부분에 대해 이러한 과정을 반복하면 등고선에 따라 명암(value) 차이가 발생한다.

❺ 결과적으로 가장 낮은 등고선 부분이 가장 진하게 표현된다. 표현양식에 따라 그림과는 다르게 등고선 부분 오리는 작업 순서를 역으로 하면 가장 높은 등고선 부분이 가장 진하게 표현된다.

이상의 방법으로 완성된 모형은 대지의 지형을 색채에 의해 한눈에 이해할 수 있다.

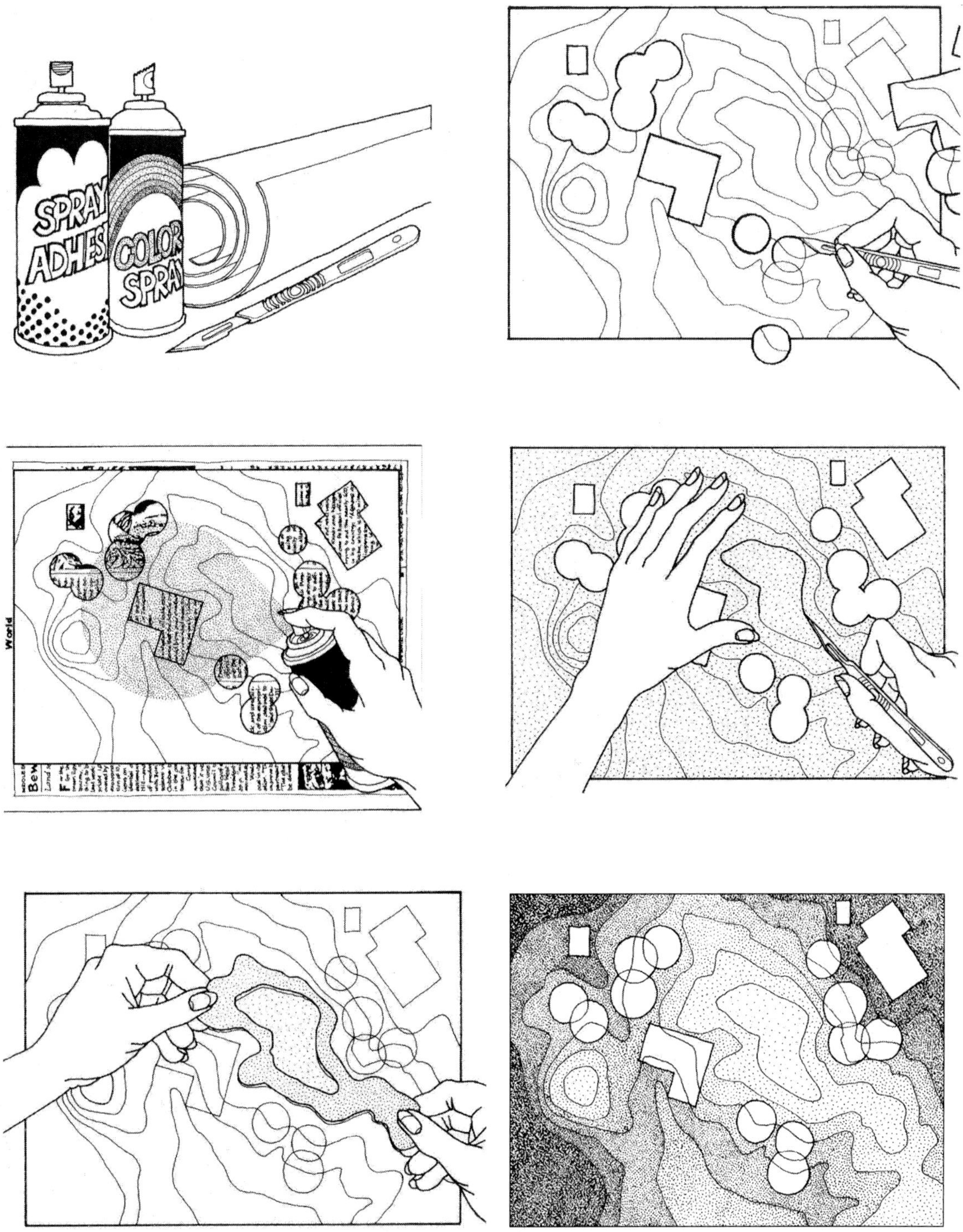

컬러 스프레이를 이용한 등고선 표현법

출처 | Porter and Goodman(1982) p.80

다음의 사진들은 다양한 방법으로 제작된 모형의 모습을 보여준다.

| 김신원

| 김신원

| 이용준

| 박두봉

N
서곶근린공원 상징탑 S.1:100

그래픽 아티스트 / 그림출처 LIST

p.11	서수영	Reid(1987) pp.80~81, Ching(1985) pp.143~144
p.12	서수영	Reid(1987) pp.82~84
p.13	서수영	Reid(1987) pp.105~107, Ching(1985) p.145
pp.14~15	엽민희, 서수영	Reid(1987) pp.86~90, 김승환 · 장태현(1984) p.85
pp.16~18	엽민희, 서수영	Reid(1987) pp.91~93, 김승환 · 장태현(1984) p.87
pp.19~20	서수영	김승환 · 장태현(1984) p.95, Reid(1987) pp.97~98
p.21	서수영, 엽민희	김승환 · 장태현(1984) p.97, Reid(1987) p.96
pp.22~24	서수영	Reid(1987) p.95, 100, 김승환 · 장태현(1984) p.96, Ching(1985) p.148
p.25	서수영	Reid(1987) p.109
p.26	서수영	Reid(1987) pp.108~109
p.31	홍시내	Reid(1987) p.120
p.32	홍시내	Reid(1987) p.121, 123
p.33	홍시내	Reid(1987) p.124, 127
pp.34~37	엽민희, 문미영	김승환 · 장태현(1984) pp.81~84, Reid(1987) p.137, 139
p.38	서수영	Wang(1979) p.73
pp.38~40	엽민희	Reid(1987) pp.130~134
pp.41~42	엽민희, 서수영	Wang(1979) pp.71~72, 75, Reid(1987) pp.135~136
p.43	서수영	김승환 · 장태현(1984) p.86
pp.43~45	엽민희, 서수영	Reid(1987) pp.140~141, Wang(1979) p.74, 김승환 · 장태현(1984) p.86
pp.46~47	서수영	김승환 · 장태현(1984) p.95
p.48	엽민희	김승환 · 장태현(1984) pp.97~98
pp.49~50	서수영	도서출판 국제 편집부(1988) 투시도 표현기법 pp.243~246
pp.54~58	서수영, 엽민희	Wang(1977) p.26, 69, Reid(1987) pp.129, 143~145, 174, 김승환 · 장태현(1984) pp.97~98
pp.59~61	문미영, 엽민희	Reid(1987) pp.146~147, Wang(1977) pp.60~63
pp.62~63	문미영	Reid(1987) p.149
pp.64~65	문미영, 엽민희	Reid(1987) p.148, 176
p.67	서수영, 엽민희	Wang(1977) pp.68, 71~72
pp.68~70	엽민희, 서수영	Wang(1977) p.28, 31, 39, 73, Reid(1987) p.175, Crowe and Laseau(1984) pp.160~161
p.71	엽민희	Wang(1977) p.83, 88, Ching(1985) p.137
pp.72~75	엽민희, 문미영	Wang(1977) pp.84~86, Ching(1985) pp.136~138, Reid(1987) pp.152~153, Crowe and Laseau(1984) p.171
p.77	엽민희, 문미영	Wang(1977) pp.90~92, Reid(1987) pp.150~151

참 고 문 헌

1. 김승환, 장태현 편저(1984), 조경설계제도기법, 서울:기문당.
2. 도서출판 국제 편집부 편저(1988), 투시도 표현기법, 서울:도서출판 국제.
3. 도서출판 국제 편집부 편저(1988), 투시도 기법+모형 제작법, 서울:도서출판 국제.
4. 성기택 편저(1981), 조경제도법, 서울:기전연구사.
5. Chen, J. S. M. and W. T. Cooper(1996), Architectural Perspective Grids, New York : McGraw-Hill Book Co.
6. Ching, F.(1985), Architectural Graphics, New York:Van Nostrand Reinhold.
7. Crowe, N. and P. Laseau(1984), Visual Notes for Architects and Designers, New York:Van Nostrand Reinhold.
8. Koepke, M. L.(1988), Model Graphics, New York:Van Nostrand Reinhold.
9. Martin, C. L.(1970), Architectural Graphics, New York:Macmillan Publishing Co.
10. Oliver, R. S.(1989), The Complete Sketch, New York:Van Nostrand Reinhold.
11. Porter, T. and B. Greenstreet(1980), Manual of Graphic Techniques 1, New York:Charles Scribner's Sons.
12. Porter, T. and S. Goodman(1982), Manual of Graphic Techniques 2, New York:Charles Scribner's Sons.
13. Porter, T. and S. Goodman(1983), Manual of Graphic Techniques 3, New York:Charles Scribner's Sons.
14. Porter, T. and S. Goodman(1985), Manual of Graphic Techniques 4, New York:Charles Scribner's Sons.
15. Reid, G. W.(1987), Landscape Graphics, New York:Whitney Library of Design.
16. Sullivan, C.(1995), Drawing the Landscape, New York:Van Nostrand Reinhold.
17. Wang, Thomas C.(1977), Pencil Sketching, New York:Van Nostrand Reinhold.
18. Wang, Thomas C.(1979), Plan and Section Drawing, New York:Van Nostrand Reinhold.

김신원

경희대학교 조경학과 졸업
Cornel University 대학원 조경학과 졸업, 조경학석사
경희대학교 대학원 조경학과 졸업, 이학박사
경희대학교 예술·디자인대학 환경조경디자인학과 교수:
조경디자인랭귀지, 조경기초디자인, 도시조경설계,
도시공간디자인론 담당

조경디자인 표현기법

2011년 4월 15일 1판 1쇄 발행
2021년 9월 15일 1판 3쇄 발행

저 자 김 신 원
발 행 인 강 해 작
발 행 처 기 문 당
주 소 서울 성동구 무학봉 28길 4-1
전 화 02) 2295-6171(代)~5
팩 스 02) 2296-8188
출판등록 1976. 10. 7 (1-44)
홈페이지 http://www.kimoondang.com
I S B N 978-89-6225-849-3 13520